KB159708

바이러스를
실험실에서 만들 수 있을까?

바이러스를 실험실에서 만들 수 있을까?

신인철 글 그림

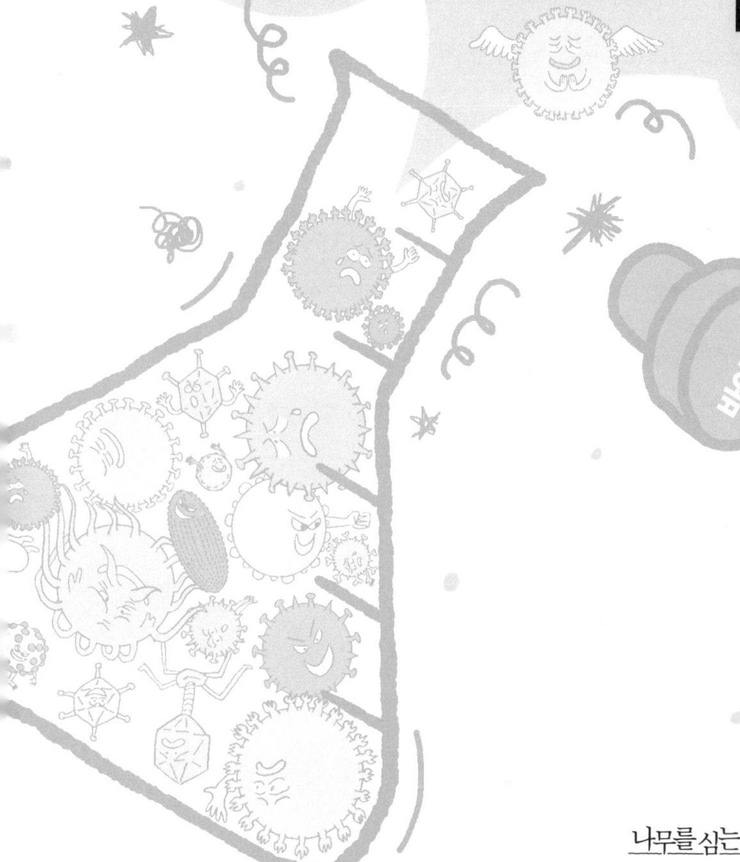

나무를 심는 사람들

프롤로그

바이러스는 인류보다 훨씬 더 오래전에 지구에 등장했고 인류가 지구에 보금자리를 만든 이후 항상 인류와 같이 하나뿐인 지구를 공유하며 살아왔어요. 우리 인류가 바이러스는커녕 바이러스보다 훨씬 커다란 박테리아의 존재도 모르던 시절에도 바이러스는 우리 곁에 늘 있었고, 여러 가지 무서운 바이러스 질병 때문에 전 세계 사람들이 바이러스를 두려워하는 지금도 바이러스는 여전히 우리와 함께하고 있지요.

바이러스를 인류가 무서워하는 이유 중의 하나는 짧은 시간에 아주 빨리 여기저기로 퍼져 나갈 수 있다는 사실 때문이에요. 이러한 바이러스의 특성을 본떠 순식간에 인터넷 선을 타고 많은 컴퓨터를 감염시킬 수 있는 악성 프로그램도 컴퓨터 바이러스라 부르게 되었고, 입소문, 인터넷 소문 등을 통한 아주 빠른 상품의 홍보 방법도 바이럴 마케팅이라는 명칭을 얻게 되었지요. 바이러스는 그 위험성을 떠나서라도 그만큼 우리와 아주 밀접한 관계를 지닌 존재가 된 거예요. 바이러스는 눈에 보이지도 않는, 웬만한 현미경으로도 관찰할 수 없는 아주 작은 존재이지만 현재 인류가 느끼는 바이러스의 존재감은 그 어느 때보다도 커졌어요.

이 책에서 다루고 있는 코로나19바이러스 질병을 비롯한 여러 가지 바이러스에 의해 매개되는 감염성 질병을 생각해 보면, 바이러스는 여러분의 소중한 데이터와 컴퓨터를 파괴하는 컴퓨터 바이러스와 더불어 반드시 지구상에서 없애야 할 존재라고 판단할 수 있어요. 하지만 이 책을 다 읽고 마지막 페이지를 덮었을 때 여러분이 바이러스를 바라보는 관점은 많이 변해 있을 거예요. 바이러스 없이는 인간과 같은 고등 생물의 진화도 가능하지 않았고, 지구에 이렇게 많은 종류의 생명체가 번성하는 일도 없었을 거예요. 바이러스는 생명체의 진화와 멸종을 모두 조절할 수 있는 양날의 칼과 같은 존재이지요. 당장 감염병으로 인류를 괴롭히는 지구상의 모든 바이러스를 순식간에 없앨 수 있는 방법을 인류가 찾아낸다고 해도 그 방법을 사용해야 할지 말지를 결정하기 위해서는, 바이러스를 비롯한 지구 위 생태계 구성원들의 상호 작용 등 고려해야 할 것들이 너무 많아요.

물론 가능하지 않겠지만 현재의 인류가 지구 위의 바이러스를 한순간에 없앨 수 있는 방법을 고안해 내어 실현한다 하더라도 분명히 가까운 미래에 바이러스는 우리 인간과 다른 생명체의 세포 안에서 다시 튀어나오게 될 거예요. 조금 어려운 이야기이긴 하지만 지구상 생명체의 세포 안에 숨어 있는 바이러스와 바이러스가 남긴 유전자의 흔적을 모두 제거하게 된다면 미래에 살아남을 수 있는 생명체는 하나도 없을 거예요. 그만큼 바이러스는 오랜 생명체의 진화 과정 중에 없앨 수 없는 깊은 발자국을 우리 몸, 우리 세포 안에 심어 두었어요.

이제 우리는 우리 손이 닿을 수 있는 거의 모든 곳에, 우리가 들숨을 내쉬는 모든 공기에 항상 바이러스가 존재한다는 것을 알고 있어요. 감염병을 일으키는 바이러스가 도처에 존재한다고 모든 외출을 삼가고 방 안에서만 지낼 수도 없는 형편이지요. 이 책을 통해서 바이러스가 우리와 같은 숙주 생물에게 감염되는 원리를 이해하고 바이러스의 복제 기전과 전파 경로를 공부한다면 바이러스와 더불어 살아갈 미래에 좀 더 현명하게 대처할 수 있을 거예요.

이 책에 실린 친근한 삽화와 어우러진 40개의 질문과 답변을 통해 바이러스에 대한 기본적인 생명 과학 지식부터 보다 전문적인 내용까지 상당히 많은 바이러스 관련 정보와 최신 연구 동향을 공부할 수 있을 거예요. 그뿐 아니라 백신과 면역계의 기본 원리까지 다루고 있으니 바이러스 관련 과학 상식을 넓히는 데 아주 많은 도움이 되겠지요? 이 책의 내용은 아주 철저하고 객관적으로 증명된 과학적 사실을 기반으로 쓰였어요. 아! 딱 하나, 바이러스 히어로가 등장하는 칸 만화만 빼고요. 그 만화는 완전한 허구입니다. 자, 감염병을 일으키는 바이러스 걱정은 잠시 접어 두고 즐겁게 읽어 볼까요?

차례

3장

여러 가지 신기한 바이러스

4장

질병을 일으키는 바이러스

5장

백신과 면역이 궁금해?

6장

인간과 환경의 공존이 가능할까?

1장

바이러스의 탄생

1

바이러스는 생물일까? 무생물일까?

바이러스가 과연 생물인지 무생물인지에 관한 질문은 제가 강의를 할 때마다 가장 많이 받는 질문이에요. 성인을 대상으로 한 교양 강좌에서 한 할머니가 질문하시기도 했고요, 초등학생 진로 관련 강연에서도 한 남학생이 이러한 질문을 했었어요. 의외로 대학생 언니 오빠들은 바이러스가 생물인지 무생물인지 궁금하지 않은지 질문을 잘 안 하더라고요. 이미 답을 알고 있어서 그런 걸까요?

바이러스가 생물인지 무생물인지 알려면 일단 생물이 무엇인지 정의해 보아야 해요. 여러분은 생물과 무생물을 나누는 기준이 무엇이라고 생각하나요? 살아 있어야 생물이라고요? 살아 있다는 것은 무엇일까요? 움직여야지 살아 있는 것이라고요? 우리 집 화분의 식물은 움직이지는 않지만 분명히 살아 있는 생물이에요. 그렇다면 성장하느냐의 여부가 생물의 기준일까요? 청소년 여러분은 매일매일 조금씩 자라지만 저 같은 어른은 키가 자라지 않고 오히려 줄어들어요. 그렇다면 자라느냐의 여부를 따져 보는 것도 생물과 무생물을 분간하는 기준이 되지는 못해요.

생명 과학자들도 '살아 있다'는 것의 기준이 무엇인지에 대하여 오랫동안 고민하였어요. 그러한 연구 결과로 생명 과학자들이 만든, 살아 있는 생명체라고 불릴 수 있는 자격은 다음과 같아요. 학자들마다 의견이 조금씩 차이가 있기는 하지만 한번 살펴볼까요?

» 생물의 자격 « 네 가지

첫 번째는 물질대사를 한다는 것이에요. 물질대사라는 단어가 어렵지만 밥을 먹고 화장실에 가는 것이나, 산소를 들이마시고 이산화 탄소를 내뿜는 것도 물질대사예요. 두 번째는 항상성 유지예요. 항상성이란 무엇일까요? 우리의 몸은 항상 체온을 36.5도 정도로 유지하고 있지요? 물론 변온 동물은 체온이 일정하지 않지만 꼭 체온이 아니더라도 몸 안의 염분 농도, 수분 함량 등을 똑같이 유지하려는 성질을 항상성이라고 해요. 짠 음식을 많이 먹으면 물이 마시고 싶어지는 것도 바로 이러한 우리 생명체의 항상성 때문이에요. 세 번째는 발생과 생장을 한다는 것이에요. 우리는 엄마와 아빠의 세포가 만나서 생긴 작은 수정란으로부터 점점 세포 분열을 거쳐서 지금 같은 커다란 몸을 가지게 되었지요. 이러한 과정을 발생과 생장이라고 해요. 생명체라 불릴 수 있는 자격을 하나만 더 들어 볼까요? 바로 세포로 이루어져 있다는 것이에요. 우리 인간은 여러 개의 세포로 이루어진 다세포 생물이고 박테리아는 하나의 세포로 이루어진 단세포 생물이에요.

그렇다면 바이러스는 어떨까요? 바이러스는 물질대사를 할까요? 바이러스가 밥을 먹고 화장실을 갈까요? 우리 친구들이 밥을 먹는 모습은 항상 주변에서 볼 수 있고, 우리들이 집에서 키우는 강아지가 똥을 누는 장면도, 어항에서 키우는 물고기가 먹이를 먹는 모습도 쉽게 볼 수 있지요. 하지만 박테리아와 같은 미생물이 밥을 먹는 모습은 우리 눈이나 현미경을 통해서도 관찰하기 힘들어요. 다만 박테리아를 키우는 배양액에 먹이를 넣어 주지 않으면 박테리아가 죽는 모습을 보고 간접적으로 박테리아가 물질대사를 한다는 것을 알 수 있지요. 마찬가지로 박테리아처럼 바이러스가 밥을 먹는 모습도 직접 관찰할 수는 없어요. 하지만 과학자들은 실험을 통해서 박테리아는 물질대사를 하지만 바이러스는 하지 않는다는 것을 밝혀냈어요. 바이러스는 다른 살아 있는 세포

에 숨어들어 주인 세포의 대사 과정에 기생하여 자신이 필요한 물질을 주인 세포로 하여금 대신 만들게 해요. 그러니까 물질대사를 직접 하는 것은 아니기 때문에 바이러스는 무생물이라고 할 수 있어요.

항상성은 어떨까요? 제 연구실에서는 바이러스들을 영하 80도로 유지되는 냉장고에 보관하고 있어요. 온도에 민감한 온도 항상성이 있는 생물이라면 영하 80도에서 살아 있을 수 없겠지요. 뭐라고요? 바이러스는 무생물이라면서 영하 80도에 보관해도 살아 있다고 말하는 것은 말이 안 된다고요? 맞아요, 바이러스라는 존재 자체가 사실 말이 안 되는 성질을 많이 가지고 있어요. 바이러스 자체는 살아 있다고 할 수 없지만 다른 생물의 세포 안에 들어가면 '마치 살아 있는 것처럼' 행동해요. 다른 생물 세포로 하여금 바이러스가 살아가는 데 필요한 단백질이나 핵산을 만들도록 조종하는 것이지요. 바이러스도 자신의 단백질과 핵산을 조립하여 자신과 똑같은 바이러스를 만들어 내지만 그것은 생물의 세 번째 자격 기준인 발생과 생장과는 많이 다른 과정이에요. 생명 현상이라기보다는 마치 시험관 안에서 일어나는 화학 반응 과정에 가까워요.

요즘 코로나19바이러스 검사를 PCR이라는 화학 반응으로 수행한다는 것을 들어 보셨지요? PCR은 바이러스의 유전자를 시험관 안에서 여러 배로 증폭시키는 검사법이에요. 검사자의 콧구멍 안에서 찍어 낸 바이러스의 양이 너무 적기 때문에 PCR로 바이러스 유전자의 양을 인공적으로 불려 검출하는 것이지요. 바이러스도 이와 비슷한 방법으로 다른 생물의 세포 안에서 자신의 유전자를 증폭시키지만 그러한 과정은 발생과 생장과 같은 생명 현상은 아니에요.

» 바이러스는 « 무생물이야

생물의 네 번째 자격 기준이 세포로 이루어져 있느냐의 여부라고 했지요? 어떤 바이러스는 살아 있는 생명체의 세포를 둘러싸고 있는 세포막과 비슷한 구조에 싸여 있어 마치 세포처럼 보이기도 해요. 하지만 세포라 불리려면 그 외에도 많은 자격이 필요해요. 바이러스는 그러한 조건을 모두 갖추지 못하였기 때문에 세포로 이루어져 있다고 말할 수 없어요. 이러한 모든 조건을 살펴볼 때 바이러스는 무생물이라고 할 수 있어요.

여러분의 친구들이 바이러스가 무생물인지 생물인지 궁금하다고 물어보면 자신 있게 대답하세요. 바이러스는 생물이 아니다. 왜? 세포로 이루어져 있지 않기 때문이다. 그러면 또 친구가 묻겠지요? 세포가 뭔데? 과학은 이렇게 끊임없이 꼬리를 물고 생겨나는 질문에 답하는 과정에 의해 발전하였어요. 세포가 무엇인지에 대한 대답, 또 그 대답에 이어지는 또 다른 질문에 대한 대답은 이 책을 찬찬히 읽어 가면서 공부해 보면 쉽게 답할 수 있을 거예요.

2

바이러스가 우주의 별보다 많다고?

바이러스는 끊임없이 주변을 소독하고 손을 씻어도 끊임없이 계속 생겨나는 것처럼 보여요. 바이러스는 도대체 우리 주변에 얼마나 많이 존재하기에 이렇게 없애는 것이 힘들까요? 우선 이 세상에 바이러스가 과연 얼마나 많이 존재하는지 대충 계산해 볼까요?

여러분은 바이러스의 종류가 아주 다양하다는 것을 혹시 아세요? 지금 우리를 괴롭히는 코로나19바이러스나 독감 바이러스는 주로 인간을 감염시키는데, 인간 말고 가축을 비롯한 다른 동물을 골라서 선택적으로 감염시키는 바이러스들도 있어요. 고등 동물인 척추동물만 따져 보아도 약 62만 종 정도 되는데, 척추동물 한 종이 평균 60종의 다른 바이러스를 가지고 있다고 생각하면 바이러스의 종류는 360만 종이 넘어요.

바이러스가 물론 척추동물만을 감염시키는 것은 아니지요. 무척추동물, 식물, 곰팡이나 버섯 등을 감염시키는 바이러스의 종류까지 계산하면 약 1억 종이 넘는 바이러스가 지구상에 존재해요. 그런데 놀라지 마세요. 이것은 박테리아와 같은 미생물을 감염시키는 바이러스를 제외한 숫자예요. 우리 몸과 주변에 수많은 박테리아가 존재한다는 것을 알고 계시죠? 우리 몸에 붙어 사는 박테리아의 숫자는 약 39조 개 정도 된다고 해요. 우리 지구의 인구수에 이 숫자를 곱하면 인간 몸에 붙어서 사는 박테리아의 숫자를 계산할 수 있겠지요? 너무 큰 숫자가 나와서 저는 계산을 포기할래요.

물론 인간 몸에 붙어 있는 박테리아 말고도 자연계에는 정말 많은 박테리아가 존재해요. 그런데 이렇게 셀 수 없이 많은 박테리아 한 마리가 평균 10개 정도의 바이러스를 가지고 있다고 해요. 자, 그러면 지구 위의 인간부터 박테리아까지 모든 생물에 기생하는 바이러스 숫자의 총합을 대충 어림잡아 볼게요. 우리가 얼

추 계산한 우주 안의 별의 개수인 10^{23}개 (1뒤에 0이 23개 있는 숫자예요)보다 지구상의 바이러스의 수가 천만 배가 많다고 해요. 즉 지구 위의 바이러스의 개수는 10^{30}개 정도라고 할 수 있어요. 만일 지구상의 바이러스를 쭉 일렬로 늘어놓으면 그 길이는 10^{20}킬로미터가 된대요. 그 길이는 천만 광년, 즉 빛이 천만 년 동안 갈 수 있는 거리라는 것이지요. 상상을 못할 정도로 엄청나게 긴 거리가 되는 것이에요. 어때요? 정말 우리 지구에는 엄청나게 많은 바이러스가 있지요?

》 폭우처럼 《
쏟아지는 바이러스

바이러스가 이렇게 지구상에 많이 존재하는 이유는 무엇일까요? 바이러스는 무조건 나쁜 것이라 없애 버려야만 하는 것이라면 굳이 이렇게 지구 위에 많이 있어야 할 필요가 없지 않을까요? 사실 지구상에 존재하는 대부분의 바이러스는 인간에게 무해해요. 우리는 지금도 수없이 많은 바이러스를 마치 샤워할 때 물을 맞듯이 공기를 통하여 맞고 있어요. 하늘에서 바이러스가 쏟아지는 것이지요. 무슨 말이냐고요? 바이러스는 아주 가볍기 때문에 바람에 실려 멀리 날아갈 수 있어요. 바이러스는 해발 3천 미터 높이까지 바람을 타고 올라가서 지구 위로 떨어져요. 과학자들이 계산해 본 결과 하루에 1제곱미터당 8억 개 이상의 바이러스가 하늘에서 떨어진다고 해요.

하지만 안심하세요. 우리들 머리 위로 매일 폭우처럼 쏟아지는 바이러스는 조금 전에 이야기하였듯이 대부분 우리에게 위험을 끼치는 바이러스는 아니에요. 이들은 거의 다 박테리아를 감염시키는 바이러스들이에요. 우리 몸을 이루는 세포는 감염시키지 못하는 것들이지요. 그러니 크게 걱정할 필요는 없지만 그래도 그 중에 코로나19바이러스처럼 우리의 건강을 위협하는 바이러스가 조금이라도 섞여 있을 수 있으니 요즘처럼 위험한 시대에는 꼭 마스크를 끼고 외출 후에는 손을 꼭 씻도록 해요. 장마철 폭우처럼 쏟아지는 바이러스로부터 우리의 소중한 몸을 보호해야지요.

3

바이러스는 도대체 어떻게 생겨났을까?

앞에서 우리는 정말 상상할 수 없을 정도로 엄청나게 많은 숫자의 바이러스에 둘러싸여 있다는 것을 배웠지요? 도대체 이런 바이러스는 어떻게 우리가 사는 세상에 나타나게 된 것일까요? 바이러스가 지구상에 나타나지 않았으면 독감이나 코로나바이러스 감염도 걱정할 필요가 없지 않았을까요?

지금 우리 인류를 괴롭히는 질병을 일으키는 독감 바이러스나 코로나바이러스처럼 나쁜 바이러스도 있지만 사실 많은 바이러스는 지구 위의 생명체들이 진화를 통해 발전하는 데 큰 기여를 해 왔어요. 바이러스가 없었으면 인간이 지구상에 태어나지 못하였을 수도 있어요. 도대체 무슨 이야기냐고요? 자, 이제부터 잘 들어 보세요. 바이러스가 인간을 비롯한 지구상의 생명체들의 진화에 기여한 과정을 공부하면 바이러스가 어떻게 생겨난 것인지 힌트를 얻을 수 있을 거예요.

》 바이러스의 《 기원

사실 과학자들도 우리와 똑같은 의문을 가지고 바이러스가 어떻게 생겨났는지에 대해서 많은 연구를 해 왔어요. 과학자들은 바이러스의 기원을 세 가지의 가설을 들어 설명해요. 첫 번째는 '세포 탈출설'이에요. 어떤 생물의 세포에서 바이러스가 유전자 조각을 가지고 나와 바이러스로 진화하였다는 것이지요. 실제로 우리 인간의 유전자 중 일부는 마치 우리가 컴퓨터로 친 문장을 복사해서(control-C) 붙여 넣기(control-V) 하듯이 자신과 똑같은 유전자를 복사해서 계속 반복하여 자신의 옆에 붙여 넣을 수 있는 능력이 있어요. 우리 인간 유전자의 절반 가까이가 이렇게 단순히 반복된 유전자로 이루어져 있지요.

이렇게 세포 안에서 여기저기 옮겨 다니며 자신과 똑같은 유

전자를 복사하는 유전자 조각을 '움직이는 유전자-트랜스포존'이라고 해요. 움직이는 유전자는 가끔 실수로 자신의 유전자뿐 아니라 근처의 다른 유전자도 덩달아 같이 복사해서 붙여 넣기를 해요. 마치 마트에서 큰 우유 한 병을 살 때 보너스로 붙여 놓은 작은 우유 한 팩이 같이 따라오듯이 다른 유전자가 따라오게 된 것이지요. 이렇게 움직이는 유전자가 근처의 다른 유전자를 복사해서 여기저기 붙이게 되면 유전자에 변이가 일어나 진화의 원인이 될 수 있어요.

몇몇 과학자들은 이러한 움직이는 유전자가 어느 순간 세포 밖으로 튀어나와 다른 세포에 붙어 자신의 유전자를 다른 세포에 넘겨주게 된 것을 바이러스의 기원이라고 보고 있어요. 생명체의 진화를 위해 유전자의 복사와 변이를 일으키던 움직이는 유전자 조각이 바이러스로 변하게 된 것이지요. 제가 바이러스가 인간의 진화에 큰 역할을 했다고 말했던 이유를 이제 아시겠지요?

》 세 가지 가설 중 《 뭐가 맞을까?

바이러스의 기원을 설명하는 두 번째 가설은 '세포 퇴화설'이에요. 세균과 같은 하나의 세포로 이루어진 단세포 생물이 복잡하게 사는 것이 귀찮아져서 필요 없는 유전자를 하나씩 버리다 보니 아주 기본적인 유전자만 남기게 되었어요. 이러한 게으른 단세포는 다른 세포에 기생하지 않으면 더 이상 혼자서 살지 못하게 되었어요. 이러한 '퇴화된 세포'로부터 바이러스가 만들어졌다는 것이지요. 재미있지요?

세포 퇴화설

바이러스 선행설

바이러스의 기원에 대한 세 번째 가설은 '바이러스 선행설'이에요. 가장 간단한 생명체와 비슷한 형태인 바이러스가 세포로 이루어진 생명체보다 지구상에 먼저 나타났다는 것이지요. 고등 생물의 세포보다 바이러스가 훨씬 간단한 형태를 가지고 있으므로 이 가설도 나름대로 신빙성이 있어요. 지구에 생명체가 나타나기 이전에 조그만 분자들이 모여서 더 큰 분자를 만들고, 더 큰 분자들이 모여서 생명체를 이루는 거대 분자인 핵산, 단백질을 만든 이후에 생명체가 태어났거든요. 간단한 분자가 모여서 복잡한 분자가 만들어졌듯이 간단한 형태를 가진 바이러스가 훨씬 복잡한 구조를 가진 생물의 세포보다 먼저 지구에 나타났다는 이론이지요. 하지만 바이러스는 기생할 다른 세포가 없이는 자신의 자손을 남길 수 없는데 바이러스 혼자서 어떻게 계속 존재할 수 있었을까요?

물론 이 세 가지의 가설 모두 약점이 있고 이들 중 어느 것이

완벽하게 맞는다고는 어떤 과학자도 장담할 수 없어요. 어느 때보다도 바이러스에 대한 연구에 온 인류의 관심이 집중되고 있는 지금, 바이러스의 기원이 과학자들의 연구를 통해 정확히 밝혀지게 되면 생명체의 기원에 대한 신비도 풀리게 되지 않을까요?

4

'종간 점프'로 새로운 바이러스가 생겨난다고?

코로나19바이러스는 분명히 2019년 전에는 우리가 모르던 바이러스였지요. 존재하지 않던 바이러스가 새로 생겨난 것일 수도 있고 우리가 모르고 있던 바이러스였는데 새로 발견된 것일 수도 있어요. 새로운 바이러스가 지금도 계속 생겨나는 것일까요? 아니면 바이러스의 종류는 유한한데 숨겨져 있던 바이러스가 새로 발견되는 것일까요?

지구 위에는 굉장히 많은 종류의 생명체들이 있어요. 게다가 아마존 열대 우림의 곤충이나 바닷속 무척추동물 등의 경우 우리가 미처 알지 못하였던 새로운 종이 지금도 계속 발견되고 있어요. 우리 눈에 보이는 커다란 생물도 이렇게 새로운 종이 많이 발견되고 있는데 하물며 박테리아는 어떨까요? 최근 개발된 방법인 메타지노믹스라는 실험 방법을 통해 과학자들은 엄청나게 많은 새로운 종류의 박테리아를 찾아내고 있어요. 메타지노믹스 연구 방법을 이용하면 수없이 많은 종류의 박테리아가 모여 있는 박테리아 덩어리의 유전자들을 한꺼번에 분석해서 박테리아 덩어리 안에 섞여 있는 새로운 박테리아를 찾아낼 수 있어요. 이 메타지노믹스라는 실험법을 이용해서 과학자들은 그동안 알려진 박테리아 종류의 44퍼센트에 해당하는 새로운 박테리아들을 찾아냈어요.

앞에서 박테리아 한 마리가 평균 10개 정도의 바이러스를 가지고 있다고 배웠지요? 새로운 박테리아에는 역시 새로운 바이러스가 기생하고 있을 확률이 높을 테니 새로운 바이러스도 그만큼 계속해서 새로 발견되고 있다고 볼 수 있어요. 실제로 2016년의 한 연구 결과를 통해 15,000종의 새로운 바이러스가 바다에서 발견되었어요. 그 이후 남극해, 북극해, 열대 지방 바다 등 여러 곳에서 얻은 바닷물에서 무려 195,000종의 새로운 바이러스가 발견되었고, 이들 중 90퍼센트 이상이 한 번도 학계에 보고되지 않은 바이러스였다고 해요. 바닷물 속에서도 이렇게 새로운 바이러스가 계속 발견되고 있으니 땅 위에서 사는 생물에 기생하는 바이러스의

경우에도 계속 새로운 바이러스가 보고되고 있겠지요?

그런데 생각보다 인간을 감염시킬 수 있는 바이러스의 종류는 적어요. 인간을 감염시킬 수 있는 바이러스 중 처음으로 보고된 것은 1901년에 과학자들이 발견한 황열병 바이러스예요. 지금까지 220종 정도의 바이러스가 인간을 감염시킬 수 있는 것으로 알려졌고, 매년 서너 종씩 새로 발견되고 있어요. 2019년에 나타난 코로나19바이러스도 새롭게 발견된 인간을 감염시킬 수 있는 바이러스인 것이지요.

» '종간 점프'를 «
막아 줘

인간을 감염시킬 수 있는 바이러스 중에서 3분의 2 정도가 인간을 제외한 다른 포유류, 심지어는 조류도 일부 감염시킬 수 있다고 해요. 바이러스는 숙주 세포를 감염시키기 위해 숙주 세포 표면에 존재하는 수용체라고 부르는 단백질과 결합하지요. 그런데 어떤 동물의 수용체 단백질의 모양이 인간과 유사한 경우 한 종류의 바이러스가 인간과 동물을 모두 감염시킬 수 있는 거예요. 이렇게 바이러스가 한 숙주에서 다른 종류의 숙주로 옮겨 가는 것을 '종간 점프'라고 불러요. '종간 점프'에 의해서 한 종류의 숙주에서 다른 종류의 숙주로 옮겨 가면서 바이러스의 유전자에 많은 변이가 일어나지요. 그러면서 새로운 종류라고 부를 수 있는 바이러스가 만들어지게 되는 거예요.

인간이 자연을 파괴하여 끊임없이 야생 동물들의 서식처를 침입한다면 불행하게도 이러한 바이러스의 '종간 점프'가 일어날 확률이 높아져요. 야생 동물에 기생하던 바이러스가 인간에게까지 숙주의 영역을 넓히는 것이지요. 실제로 코로나19바이러스와 2002~2003년에 유행했던 사스바이러스, 2012~2013년에 인류

★ **황열병**은 아프리카와 남아메리카에서 유행하는 악성 전염병이다. 아르보 바이러스가 질병을 일으키며, 덥고 습한 곳에 사는 모기에 의해 전염된다. 이 병에 걸리면 고열이 나고, 간 기능이 상실되면서 피부가 노랗게 변하는 황달이 나타나서, '황열병'이라 이름 붙여졌다.

를 괴롭혔던 메르스바이러스 모두 박쥐나 낙타 같은 포유동물 숙주 세포를 거치면서 돌연변이가 일어나 인간에게 감염될 수 있는 성질을 가진 바이러스로 바뀌게 되었다는 의견이 지배적이에요.

이러한 새로운 변종 바이러스의 창궐을 막으려면 어떻게 해야 할까요? 무분별한 야생 동물의 남획이나 야생 동물 생태계의 침범을 막아야 하겠지요? 코로나바이러스 시대에 우리가 친구들, 친척들과 '사회적 거리두기'를 하듯이 야생 동물과도 어느 정도 '자연적 거리두기'를 하는 것이 필요하지요.

5

바이러스를 실험실에서 만들 수 있을까?

우리 인류를 괴롭히는 코로나19바이러스는 과연 어떻게 생겨났을까요? 어떤 나쁜 과학자가 인류에게 해악을 끼치기 위해 실험실에서 일부러 만들었다거나 혹은 실험실에서 연구용으로 만든 바이러스가 유출되었다고 얘기하는 사람들도 있던데, 그게 가능한 이야기일까요?

바이러스를 실험실에서 인공적으로 만들 수 있을까요? 결론부터 말하자면 '아니요'예요. 이렇게 생명 과학이 엄청나게 발전한 시대에 생명체도 되지 못하는 간단한 바이러스 하나를 왜 실험실에서 만들어 내지 못하는지 지금부터 알기 쉽게 설명드릴게요.

사실 저의 실험실에서도 새로운 바이러스를 만들어 내고 있기는 해요. 뭐라고요? 바이러스를 인공적으로 만들지 못한다고 미리 답을 주고 나서 무슨 얘기냐고요? 자, 잘 들어 보세요. 저의 실험실은 바이러스를 연구하는 실험실은 아니에요. 하지만 저의 실험실에서 키우는 동물 세포에 특정 유전자를 넣기 위해서 바이러스를 사용해요. 앞에서 바이러스의 기원 중 하나가 '움직이는 유전자'라고 했던 것 기억하지요? '움직이는 유전자'가 자기 유전자뿐 아니라 우연히 옆에 있던 다른 유전자 조각까지 같이 데리고 옮겨 다닐 수 있다고 하였지요? 이렇게 움직이는 유전자가 다른 유전자 조각을 가지고 다닐 수 있는 것처럼 바이러스에도 약간의 조작만 가하면 바이러스의 유전자 외에 과학자들이 넣고 싶은 유전자를 추가로 넣을 수가 있어요.

이렇게 실험실에서 만든 '우리가 원하는 유전자를 가진 새로운 바이러스'를 연구원들이 배양하는 동물 세포에 감염시키면 '우리가 원하는 유전자를 가진 새로운 바이러스'는 자신의 유전자뿐 아니라 추가로 넣은 유전자까지 숙주 동물 세포 안으로 집어넣게 되지요. 복잡하지만 천천히 읽으면서 잘 따라오세요. 유전자가 동물 세포 안에 들어가면 어떤 일이 일어날까요? 분자 생물학 공부를 한 친구들은 이미 알고 있겠지만 유전자가 하는 일 중 가장 중요한 일은 유전자의 지령대로 단백질을 만들어 내는 것이에요. '우리가 원하는 유전자를 가진 새로운 바이러스'는 숙주 동물 세포 안에서 자신의 유전자로 '자신의 단백질' 즉 바이러스의 껍데기 단백질 등을 만들 뿐 아니라 추가로 바이러스에 넣은 '우리가 원하는 유전자'가 지령하는 새로운 단백질도 만드는 것이지요. 우리는 이렇게 바이러스를 이용해서 '우리가 원하는 단백질'을 배양

세포에서 만들도록 지시할 수 있어요. 그러니까 유전자의 지령을 숙주 세포에 전달하기 위한 도구로 바이러스를 사용하는 것이지요. 이렇게 사용되는 바이러스를 '바이러스 벡터'라고 불러요.

》 바이러스 벡터는 《 유전자 운반체

우리가 원하는 아주 여러 종류의 유전자를 동물 세포에 넣기 위해 과학자들은 아주 많은 종류의 바이러스 벡터를 만들고 있어요. A라는 특정 단백질을 동물 세포에서 많이 만들게 할 수 있는 '바이러스 벡터 A'도 필요하지만, 거꾸로 B라는 특정 단백질을 동물 세포에서 만들지 못하도록 하는 '바이러스 벡터 −B'도 필요해요. 이 경우에는 어떤 유전자가 일을 하지 못하도록 하는 유전자를 바이러스 벡터에 넣어 주면 돼요. 이렇게 다양한 종류의 바이러스 벡터를 만들어 내기 위하여 과학자들은 바이러스의 유전자를 조금씩 변형시키는 방법을 사용해요. 즉 바이러스 유전자의 일부를 잘라 내어 그 안에 과학자가 원하는 다른 유전자를 집어넣고 다시 땜질을 하는 거예요.

이렇게 유전자 조작을 통해 변형된 바이러스가 과연 인공적으로 만들어진 '새로운 바이러스'일까요? 처음에 말씀드린 결론대로 이렇게 조작된 바이러스는 절대 '새로운 바이러스'는 아니에요. 그저 유전자의 아주 작은 부분이 변형된 똑같은 바이러스일 뿐이지요.

아직까지 인류는 특별한 기능을 가진 새로운 바이러스를 온전히 처음부터 만들어 낼 수 있는 기술은 가지고 있지 못해요. 기존의 바이러스 유전자를 조금 바꾸어 다른 유전자를 넣거나 빼는 정도의 시도만 해 보고 있는 형편이지요. 바이러스가 문학상을 탄 엄청나게 긴 장편 소설이라면 과학자들이 실험실에서 조작해서 만들어 낸 '새로운 바이러스'는 주인공의 이름이나 지명을 외국 이름에서 우리나라 이름으로 각색해서 바꾸어 만든 번역, 번안 소설에 지나지 않아요.

우리 과학자들에게는 아직도 바이러스라는 장편 소설을 처음부터 직접 쓸 수 있는 능력이 없답니다. 먼 훗날 이 책을 읽는 여러분이 실험실에서 바이러스를 연구하는 과학자가 되었을 때는 바이러스를 직접 합성해서 만드는 것이 가능해질지도 몰라요. 물론 그런 발전이 이루어지기 위해서는 우리가 아직도 모르는 유전자의 기능에 대한 좀 더 완벽한 이해가 선행되어야 하겠지요.

V바이러스맨
?
1회

쉬이이이이기!
?

쾅!

치이익

지이잉
지이잉

여기가 지구인가. 듣던 대로 아름다운 곳이군.

어디 우리 지구의 바이러스
동지들은 어떻게 살고 있나
한번 살펴볼까?
뚜뚜뚜

VIRUS GENETIC MATERIAL SCANNER
RNA VIRUS: 234,456,712,012,212
DNA VIRUS: 812,693.001.782,314
음. 바이러스
동지들이 상당히
많군. 하지만 아직
세력이 약한 것
같은데…

그렇다면 지구의 바이러스들을
파워 레벨 업 해 줄 수 있는 나의
비밀 병기 나노봇들을 풀어 볼까?
크하~

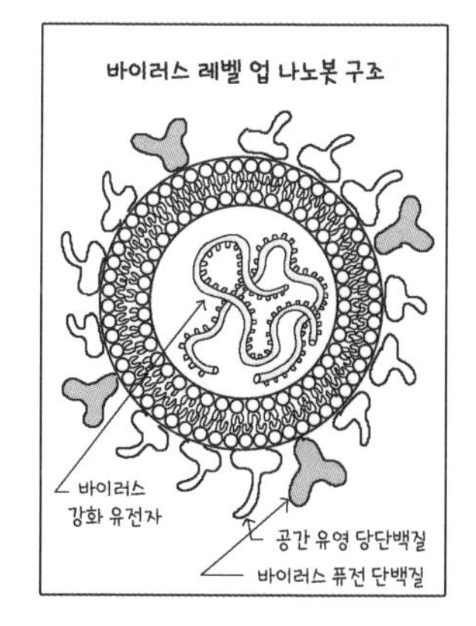
바이러스 레벨 업 나노봇 구조
바이러스
강화 유전자
공간 유영 당단백질
바이러스 퓨전 단백질

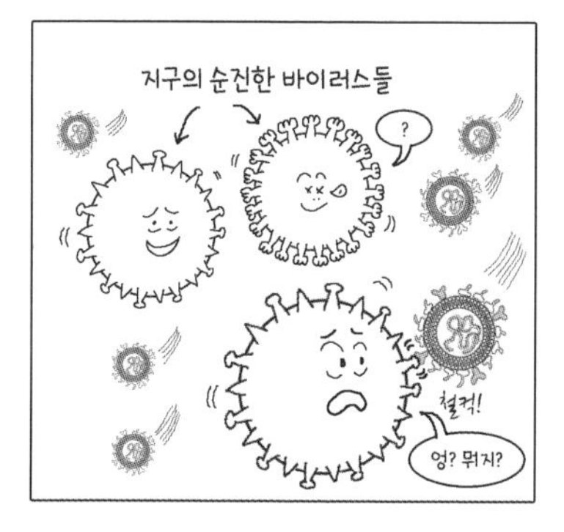
지구의 순진한 바이러스들
?
철컥!
엉? 뭐지?

지구의 무해한 바이러스들이
바이러스 레벨 업 나노봇들 때문에
강력한 악성 바이러스로 변해 버렸다.
과연 지구의 운명은 어떻게 될 것인가?

계속

2장

바이러스와 비슷한 것들

6

엘리베이터에 붙어 있는 항균 필름의 효과는?

엘리베이터 버튼에 구리가 포함되어 있는 항균 필름이 붙어 있는 것을 보았을 거예요. 항균 필름은 이름 그대로 균을 죽이는 필름이라는 뜻인데 균은 세균, 즉 박테리아를 뜻해요. 그렇다면 박테리아를 죽일 수 있는 필름은 바이러스도 없앨 수 있을까요?

박테리아와 바이러스는 어떻게 다를까요? 혹시 바이러스는 박테리아에 속하는 것인가요? 아니면 박테리아가 바이러스의 한 종류일까요? 자, 이제 여러분은 이 글을 읽고 나면 절대 헷갈리지 않게 될 거예요. 결론부터 말하면 박테리아와 바이러스는 박테리아와 인간이 다른 것만큼 완전히 서로 다른 존재예요.

항균 필름의 '균'은 박테리아, 즉 세균을 뜻해요. 박테리아를 한자어로 세균(細菌)이라고 해요. 이야기를 좀 더 복잡하게 해서 미안하지만 나중에 혼동되는 일이 없도록 여기서 한 가지만 더 이야기할게요. '진균'은 세균과는 또 다른 종류예요. 술을 만드는 데 사용되는 효모, 곰팡이, 버섯 등을 통틀어서 진균류라고 불러요. 우리의 창자에 살고 있는 대장균, 요구르트를 만드는 유산균, 청국장에 들어 있는 고초균 등은 대표적인 세균이에요. 진균류와 세균류 모두 우리가 보기에는 비슷해 보이지만 진균류는 세균류보다 훨씬 고등한 생물이에요. 효모의 세포는 세균의 세포보다는 인간의 세포에 훨씬 가깝거든요.

자, 그럼 이제 박테리아와 바이러스의 차이점에 대하여 이야기해 볼까요? 박테리아는 앞에서 이야기한 생물이라고 불릴 수 있는 자격 기준을 다 가지고 있어요. 박테리아는 스스로 물질대사를 할 수 있어요. 영양분을 받아들이고 노폐물을 내보낸다는 것이지요. 박테리아는 또한 세포로 이루어져 있어요. 반면 바이러스는 물질대사도 하지 않고 세포로 이루어져 있지도 않으니 박테리아와 바이러스는 서로 완전히 다르다고 보면 돼요.

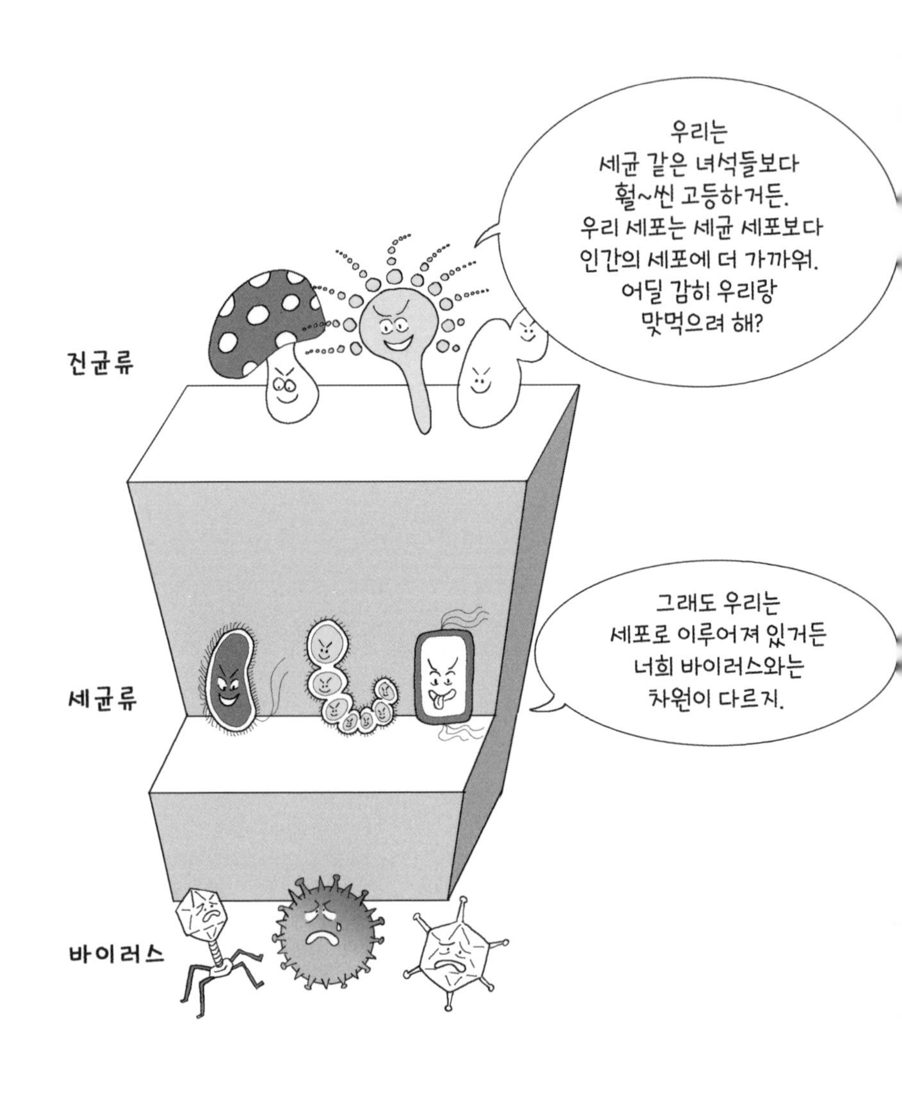
우리는
세균 같은 녀석들보다
훨~씬 고등하거든.
우리 세포는 세균 세포보다
인간의 세포에 더 가까워.
어딜 감히 우리랑
맞먹으려 해?
진균류
그래도 우리는
세포로 이루어져 있거든
너희 바이러스와는
차원이 다르지.
세균류
바이러스

» 항생제는 «
박테리아만 없애

그렇다면 항균 효과가 있다고 하는 물질은 과연 항바이러스 효과, 즉 바이러스를 없애는 성질도 가지고 있을까요? 박테리아를 없애는(항균) 물질을 항생제라고 해요. 그리고 곰팡이와 같은 진균류를 죽이는 약품을 항진균제라고 부르고, 바이러스를 없애기 위해 개발된 물질을 항바이러스제라고 해요. 이름이 서로 다른 것처럼 이 물질들은 서로 기능이 달라요. 항생제는 곰팡이나 바이러스를 없애는 데 사용할 수 없어요. 항생제는 박테리아만, 항진균제는 진균류만, 항바이러스제는 바이러스만 없앨 수 있어요.

그렇다면 엘리베이터 버튼 위에 붙여 있는 구리가 함유된 필름은 항균 효과도 있고 항바이러스 효과도 있을까요? 안타깝게도 구리 이온은 박테리아를 죽이는 항균 효과는 검증되었지만 바이러스를 없애는 능력은 완전히 검증되지 않았다고 해요. 코로나바이러스가 구리로 된 금속판 위에서 다른 물질의 표면에서보다 좀 더 빠르게 사멸하는 결과가 있다고는 하나 필름 안의 구리 정도로는 효과가 없을 거라는 의견이 지배적이에요.

★ **항생제**는 인체에 침입한 세균(박테리아)의 번식을 억제하거나 죽여서 세균의 감염을 치료한다. 1928년 의학자 플레밍이 페니실린이라는 항생 물질을 최초로 발견하였다. 최근에는 항생제 남용으로 인해 항생제 내성균의 발생이 증가하고, 어떤 항생제도 듣지 않는 슈퍼박테리아가 등장할 것이라는 우려가 있다.

바이러스나 박테리아가 우리 몸 안에 들어오면 이들을 없애기 위해 항생제나 항바이러스제를 골라서 사용해야 하지만 우리 몸 안으로 들어오기 전에 둘 다 없앨 수 있는 아주 효과적인 방법이 있어요. 바로 비누로 손과 몸을 깨끗이 씻는 것이지요. 비눗물은 박테리아의 세포막, 그리고 코로나19바이러스와 같이 세포막과 유사한 기름 성분으로 둘러싸인 바이러스의 껍질을 모두 녹여버릴 수 있어요. 여러분도 비누로 손을 매일매일 깨끗이 씻도록 해요. 박테리아와 바이러스를 모두 없애 버릴 수 있는 아주 좋은 방법이니까요.

7

미니멀 라이프를 추구하는 박테리아도 있다고?

바로 앞에서 바이러스와 박테리아, 그리고 진균의 차이점에 대하여 배웠지요? 그런데 박테리아 중에서도 마치 바이러스처럼 다른 세포에 기생해서 살아가는 녀석이 있어요. 더 신기한 사실은 이 박테리아는 바이러스처럼 감염시킨 숙주 세포 안에서 자기와 꼭 닮은 자손을 잔뜩 만들고, 이들은 숙주 세포를 터뜨리고 밖으로 나오지요. 생활사가 바이러스와 꼭 닮은 이 박테리아가 어떤 녀석인지 궁금하지요?

생물의 세계에는 참 독특한 녀석들이 많아요. 물고기이면서 폐와 비슷한 부레를 가지고 있어 공기 호흡을 할 수 있는 폐어도 있고, 조류와 포유류의 특징을 모두 가지고 있어 알에서 태어난 새끼를 젖을 먹여 키우는 오리너구리도 있지요. 고등 동물의 세계를 떠나 미생물의 왕국으로 들어오면 좀 더 이상한 친구들이 많아요. 바이러스인지 박테리아인지 우리를 헷갈리게 하는 녀석들도 있어요. 박테리아와 바이러스의 중간 정도에 해당하는 이 녀석들이 누군지 한번 알아볼까요?

박테리아와 바이러스의 특징을 모두 가지고 있는 이 녀석의 학명은 '크로물리나보락스 데스트럭탄스'예요. 너무 길고 복잡하니까 앞으로는 크로물리나보락스라고 부를게요. 그래도 여전히 이름이 어렵지요? 크로물리나보락스는 동물성 플랑크톤인 원생생물 '스푸멜라 엘롱가타'를 숙주 세포로 이용해요.

참! 원생생물이 뭐냐고요? 원생생물은 박테리아는 아니지만 세포 하나로 이루어진 단세포 생물이에요. 짚신벌레, 아메바, 유글레나 같은 것들을 원생생물이라고 하지요. 원생생물은 박테리아보다는 훨씬 고등한 생물이에요. 이 원생생물들 중 일부는 위족(가짜 발)을 뻗쳐서 주변의 박테리아 같은 자기보다 작은 생물이나 유기물을 잡아먹어요. 입으로 먹는 것이 아니고 발로 먹는 것이지요. 그림을 보면 이해가 빠를 거예요.

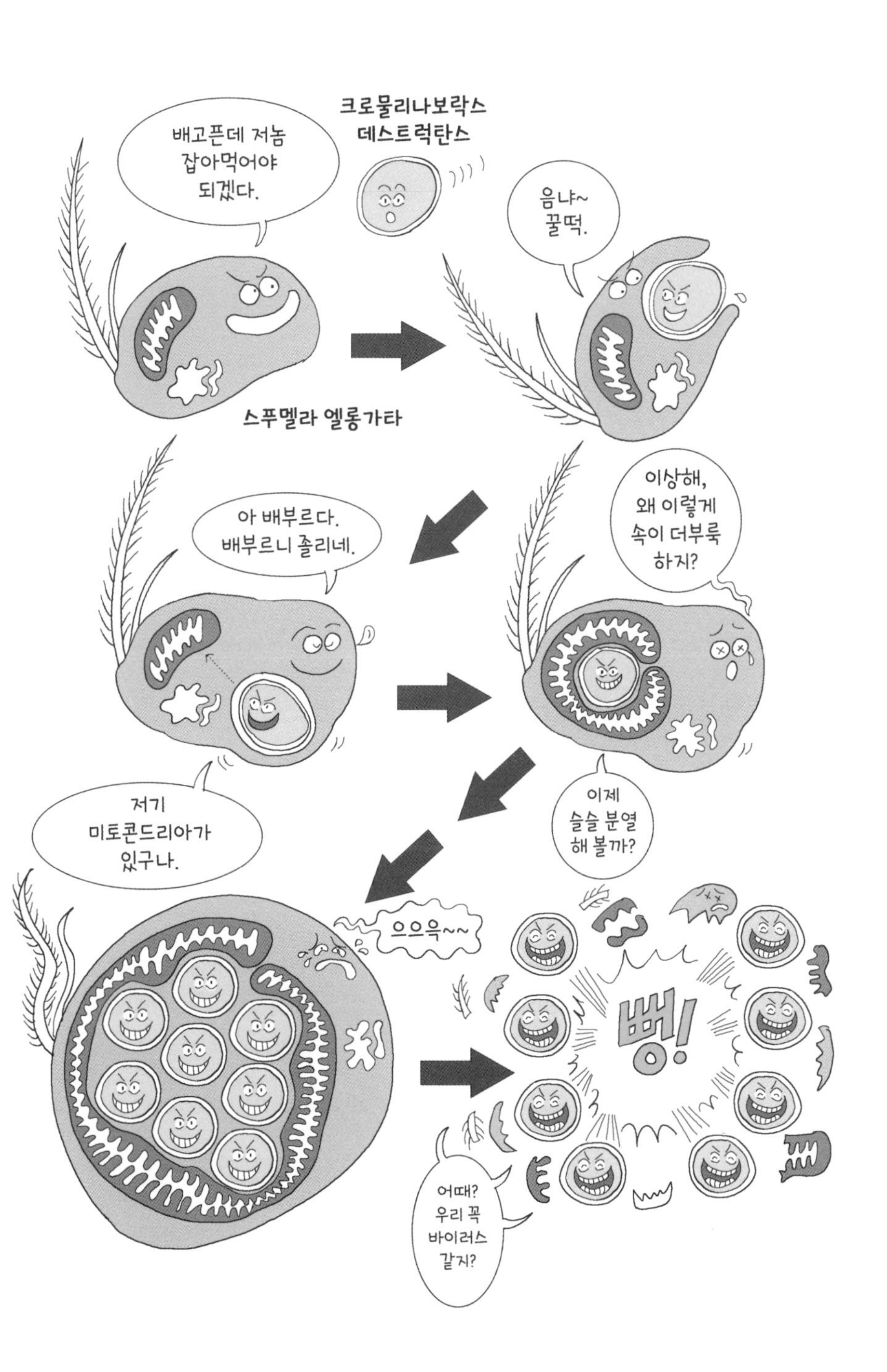
크로물리나보락스
데스트럭탄스
배고픈데 저놈 잡아먹어야 되겠다.
스푸멜라 엘롱가타
음냐~ 꿀떡.
아 배부르다. 배부르니 졸리네.
저기 미토콘드리아가 있구나.
이상해, 왜 이렇게 속이 더부룩 하지?
이제 슬슬 분열 해 볼까?
으으윽~~
뻥!
어때? 우리 꼭 바이러스 같지?

» 바이러스와 비슷한 « 크로물리나보락스의 생활사

원생생물인 스푸멜라 엘롱가타에게 잡아먹힌 크로물리나보락스는 숙주 세포인 스푸멜라 엘롱가타 안에서 소화되어 분해되지 않고 오히려 숙주 세포를 이용해서 자신의 자손을 만들도록 해요. 크로물리나보락스는 다른 박테리아처럼 이분법으로 가운데가 쪼개지면서 두 개의 자손 박테리아로 분열해요. 하지만 절대로 숙주 세포 밖에서는 분열하지 못하고 잡아먹힌 후 스푸멜라 엘롱가타 안에서 분열해요.

세포 분열을 하려면 에너지가 필요하기 때문에 일단 스푸멜라 엘롱가타 안으로 들어간 크로물리나보락스는 스푸멜라 엘롱가타 내부의 에너지 공장인 미토콘드리아를 이용해요. 미토콘드리아가 고등 생물의 에너지를 만들어 내는 세포 내 작은 에너지 공장이라는 것쯤은 다 아시지요? 크로물리나보락스는 스푸멜라 엘롱가타 안의 미토콘드리아를 파고들어요. 물론 미토콘드리아의 막을 뚫고 들어가는 것은 아니고 미토콘드리아가 자신을 둘러싸도록 조종하지요. 그림을 보면 이해가 빠를 거예요. 크로물리나보락스는 스푸멜라 엘롱가타의 미토콘드리아가 만들어 내는 에너지를 이용하여 스푸멜라 엘롱가타 안에서 분열을 하게 되지요. 이렇게 숙주 세포 스푸멜라 엘롱가타의 에너지를 모두 빨아먹은 크로물리나보락스들은 껍데기만 남은 숙주 세포를 터뜨리고 밖으로 튀어나와요.

지금까지 살펴본 크로물리나보락스의 생활사를 보면 바이러스와 아주 유사해요. 바이러스도 숙주 세포에 자신의 유전 물질을 집어넣거나 자신이 통째로 들어간 후 숙주 세포의 에너지와 효소를 이용하여 자신과 똑같은 바이러스를 많이 만들어 낸 다음 숙주 세포를 터뜨리고 밖으로 뛰쳐나오거든요. 숙주 세포에 자신의 자손을 만드는 과정을 의존한다는 점에서는 크로물리나보락스와 바이러스가 비슷하지만, 근본적으로 다른 점이 있기 때문에 크로물리나보락스는 바이러스라고 분류할 수 없어요.

그 다른 점은 무엇일까요? 바로 숙주 세포 안에서 크로물리나보락스는 '세포 분열'을 통해 이분법으로 하나의 세포가 두 개, 두 개의 세포가 네 개, 네 개의 세포가 여덟 개가 되는 과정으로 자신과 똑같은 세포를 만들어 낸다는 것이지요. 바이러스는 어떤가요? 바이러스는 세포로 이루어져 있지 않기 때문에 '분열'이라는 과정이 없어요.

숙주 세포 안에 들어간 바이러스의 유전 물질이 숙주 세포가 가지고 있는 분자 기계인 효소에 의해 여러 벌로 증폭되고, 이렇게 증폭된 바이러스의 유전 물질과, 바이러스의 유전 물질이 지닌 유전 정보에 의해 만들어진 바이러스 단백질이 숙주 세포 안에서 조립되어서 새로운 수많은 바이러스가 동시에 만들어지지요. 숙주 세포 안에서 세포 분열을 통해 자신과 같은 자손을 만들어 내는 크로물리나보락스와, 숙주 세포를 자신과 같은 바이러스를 조립하는 공장으로 사용하는 바이러스의 차이점을 아시겠지요?

》 바이러스가 되고 싶은 《 박테리아

크로물리나보락스는 이와 같이 세포 분열 과정을 통해 증식하고 또한 완전한 세포 구조를 가지고 있기 때문에 바이러스가 아니고 박테리아에 속한다고 할 수 있어요. 다만 크로물리나보락스의 이런 독특한 생활상을 관찰한 학자들은 이 박테리아가 바이러스로 퇴화(혹은 진화?)하는 과정에 있는 박테리아라고 생각하기도 해요. 쓸데없이 많은 유전자나 세포 안에 넣고 다니기에 너무 많은 단백질 등등을 다 버리고 다른 세포에 기생하는 데 필요한 최소한의 유전자와 단백질만 가진 박테리아가 된 것이지요.

요즘 돈이 아주 많은 사람들 중에는 비싼 집을 사서 세금을 많이 내는 것보다 고급 호텔에서 편하게 룸서비스를 받으면서 사는 방법을 택하는 경우도 있어요. 평범한 사람들 중에도 이것저것 많이 가지고 있는 것이 귀찮아 가재도구들을 다 버리고 최소한의 물건만 가지고 사는 '미니멀 라이프'를 추구하는 경우도 있지요. 이렇게 재물에 대한 욕심을 버리다가 나중에는 출가하여 승려가 되거나 산속에서 혼자 사는 사람들이 있는 것처럼 크로물리나보락스도 혹시 박테리아의 번거롭고 귀찮은 유전자들을 다 버리고 바이러스가 되고 싶은 게 아닐까요?

8

광우병을 일으키는 프라이온도 바이러스일까?

"광우병에 걸린 소고기를 먹으면 뇌에 구멍이 송송 뚫린다."라는 이야기를 들어 본 적이 있나요? 광우병의 공식 명칭은 '소해면상뇌병증'이라고 해요. 이 질병에 걸린 소는 뇌와 척수가 스펀지 모양으로 변하여 녹으면서 사망하게 된대요. 소에게만 이 병이 걸린다고 해도 무서운데 이 병이 소고기를 먹은 사람에게 옮을 수 있다니 더 무섭지요? 이 병은 '프라이온'이라고 부르는 물질에 의해 유발되는데 '프라이온'은 바이러스와 비슷한 것일까요?

바이러스에 의해 유발되는 질환을 다루는 대부분의 교재를 보면 광우병을 일으키는 '프라이온' 관련 내용이 같이 나와요. 프라이온도 바이러스와 뭔가 유사성이 있다는 것이겠지요? 그럼 프라이온도 바이러스일까요? 아니요. 프라이온은 바이러스가 아니에요. 바이러스는 핵산으로 이루어진 유전 물질을 가지고 있어요. 핵산을 DNA와 RNA로 분류하는 것은 여러분도 아시지요? 바이러스를 분류하는 기준 중의 하나는 어떠한 핵산을 유전 물질로 가지고 있느냐는 것이에요. DNA를 유전 물질로 가지고 있는 바이러스도 있고 RNA를 유전 물질로 가지고 있는 바이러스도 존재해요. 코로나19바이러스나 독감 바이러스는 RNA를 유전 물질로 가지고 있는 대표적인 바이러스지요.

그러면 프라이온은 어떨까요? 프라이온은 DNA나 RNA 같은 유전 물질을 가지고 있지 않아요. 프라이온은 단백질로 이루어져 있어요. 여러분은 단백질 하면 무엇이 떠오르지요? 고단백 저칼로리 닭 가슴살요? 물론 닭 가슴살에 단백질이 많지요. 단백질은 우리 몸에 중요한 영양 성분이기도 하지만 우리 세포 안에서 일하는 작은 분자 기계라는 사실도 기억해 두세요. 우리 세포 안에서 지금도 열심히 일하는 효소들도 모두 단백질로 이루어져 있지요. DNA나 RNA 같은 유전 물질이 실제로 우리 몸을 이루는 세포 안에서 수행하는 일 중에서 가장 중요한 일은 자신이 가지고 있는 유전 정보를 이용해서 단백질을 만들도록 하는 일이에요. 그러니까 DNA나 RNA는 설계도이고 단백질은 그 설계도를 토대로 만들어진 분자 기계인 셈이지요.

유전 물질인 DNA나 RNA는 세포가 자신의 유전 물질을 자신이 분열해서 생긴 두 개의 딸세포에게 똑같이 나누어 주기 위해서 자신을 복제하는 능력을 가지고 있어요. DNA가 DNA 복제 과정을 통해 자신과 똑같은 DNA를 두 배로 불리는 과정은 지금도 우리 몸을 이루는 세포 안에서 활발하게 이루어지고 있지요. RNA가 자신과 똑같은 RNA를 만들어 내는 RNA 복제는 RNA를 유전 물질로 가지고 있는 바이러스가 자신과 같은 바이러스를 만들어 내기 위해 사용하는 방법이에요. 하지만 '단백질'이 자신과 똑같은 모양의 단백질을 만드는 현상은 학계에서 보고된 적이 없어요. 프라이온이 발견되기 전까지는 말이에요.

》 프라이온 단백질은 《 두 가지 모양

자, 그러면 프라이온이 어떻게 자기와 똑같은 단백질을 만드는지 공부해 볼까요? 프라이온의 복제에 대해 알기 위해서는 단백질의 구조에 대해 조금 기초적인 지식을 갖고 있어야 해요. 어렵지 않으니 조금만 설명할게요. 단백질은 아미노산이 일렬로 쭉 연결되어 만들어져요. 절에서 스님들이 들고 있는 염주나 성당에서 신자들이 들고 기도하는 묵주를 본 적이 있지요? 그러한 염주나 묵주처럼 단백질은 아미노산이라는 구슬이 여러 개 연결된 목걸이 모양을 하고 있어요. 다만 목걸이와 다른 것은 맨 앞과 맨 뒤의 구슬이 서로 연결되지 않아서 동그란 모양을 하지 않고 있다는 것이지요. 단백질이 처음 합성되었을 때는 세포 안에서 중간이 끊어진 목걸이처럼 축 늘어져 흩어진 모양을 하고 있다가 금방 둘둘 뭉쳐져서 삼차원 구조를 가진 특정 모양을 만들어요. 끊어진 구슬 목걸이를 뭉쳐서 덩어리를 만드는 과정을 생각하면 돼요. 이렇게 단백질은 삼차원 구조를 가지고 있어야만 세포 안에서 분자 기계로서 여러 가지 기능을 올바르게 수행할 수 있어요.

프라이온 단백질은 두 가지 삼차원 모양을 가질 수 있어요. 여러분이 머리에 꽂는 흔히 똑딱핀이라고 하는 머리핀을 떠올려볼까요? 이 머리핀은 두 가지 모양을 할 수 있지요. 머리에 꽂을 때는 아래로 휜 모양, 머리에서 뺄 때는 위로 휜 모양으로 두 가지 서로 다른 모양을 할 수 있어요. 프라이온도 마찬가지예요. 프라이온은 잘못 접혀진 이상한 모양과 제대로 접혀진 정상 모양, 두 가지 모양을 취할 수 있어요. 제대로 접혀진 모양의 프라이온 단백질은 뇌를 이루는 신경 세포 안에서 정상적인 기능을 하는 반면 잘못 접혀진 이상한 모양의 프라이온 단백질은 자기들끼리 뭉쳐서 아밀로이드라고 부르는 커다란 덩어리를 이루어 신경 세포의 기능을 방해해요.

» 프라이온은 순식간에 « 주변을 감염시켜

프라이온 단백질의 무서운 점은 자신의 옆에 있는 단백질을 건드

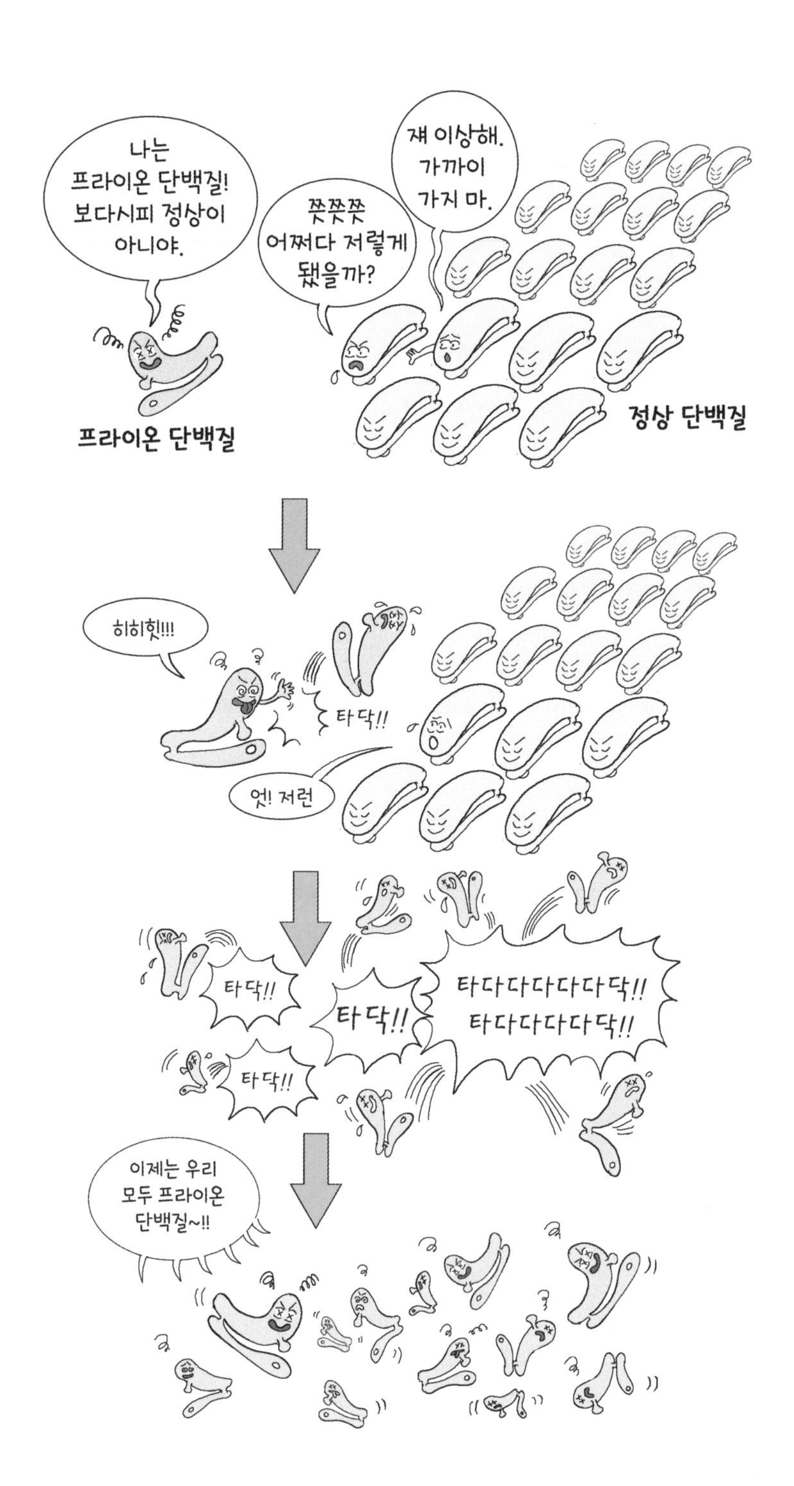
나는
프라이온 단백질!
보다시피 정상이
아니야.
쯧쯧쯧
어쩌다 저렇게
됐을까?
쟤 이상해.
가까이
가지 마.
프라이온 단백질
정상 단백질
히히힛!!!
타닥!!
엇! 저런
타닥!!
타닥!!
타다다다다다다닥!!
타다다다다다닥!!
타닥!!
이제는 우리
모두 프라이온
단백질~!!

리기만 하면 잘못 접혀진 이상한 모양으로 바꿀 수 있다는 것이지요. 아래로 휜 모양의 머리핀이 100개가 책상 위에 놓여 있는데 그 중의 하나가 위로 휜 모양으로 바뀌게 되면 순식간에 나머지 99개의 머리핀이 위로 휜 모양으로 바뀌게 되는 과정을 상상해 보세요. 프라이온은 이와 같은 방법으로 자신 주변의 정상 단백질을 마치 바이러스가 세포를 감염시키는 것처럼 빠른 시간에 잘못 접혀진 이상한 모양의 단백질로 만들어 버려요. 결과적으로 프라이온에 감염된 신경 세포는 잘못 접혀진 프라이온 단백질로 만들어진 아밀로이드 때문에 망가져서 뇌 기능에 이상이 생기게 되는 것이지요.

프라이온을 바이러스와 비교할 수 있는 이유는 마치 바이러스에 감염된 세포에서 수많은 바이러스가 만들어져서 주변의 다른 세포를 감염시키는 것처럼 프라이온 하나가 주변의 단백질을 모두 감염시킬 수 있기 때문이지요. 프라이온은 바이러스는 아니지만 바이러스와 닮은 점이 꽤 많아요. 단순한 분자로 이루어진 무생물이지만 다른 세포 안에서 마치 생물처럼 자신과 꼭 닮은 자손을 만들어 낸다는 점도 그렇고요.

프라이온과 단백질 구조에 대한 연구를 통해 언젠가는 광우병의 공포로부터 인류가 벗어날 날이 올 거예요. 프라이온 연구를 하고 싶은 친구는 생체 분자의 삼차원 구조를 연구하는 구조 생물학자의 꿈을 키우면 된답니다.

9

'바이로이드'란 무엇일까?

'바이로이드'란 말을 들어 본 적 있나요? 안드로이드 스마트폰의 다른 종류냐고요? 바이로이드는 바이러스와 비슷한 녀석들을 일컫는 말이에요. 바이러스를 생물과 무생물의 중간에 존재하는 것이라고 한다면 바이로이드는 바이러스와 무생물의 중간에 존재하는 것이라고 할 수 있어요. 바이로이드는 과연 무엇일까요?

'바이로이드'는 바이러스와 비슷하기는 한데 차마 바이러스라고 부르기 힘든, 바이러스와 유사한 것들을 통틀어 부르는 단어예요. 어떠한 단어의 뒤에 '오이드'를 붙이면 앞에 있는 단어와 유사한 것이라는 뜻이 되어요. 여러분에게 익숙한 단어 '안드로이드'의 예를 들어 볼까요? 지금은 스마트폰의 운영 체제로 더 잘 알려진 안드로이드이지만 원래의 뜻은 인간의 모습을 하고 있는 인간과 비슷한 로봇을 뜻해요. 비슷한 말로 '휴머노이드'가 있는데 휴머노이드는 로봇을 포함한 인간과 유사한 모든 것들을 통틀어서 부르는 말이지요.

자, 그럼 바이러스와 비슷한 바이로이드에 대해 공부해 볼까요? 지금까지 우리가 공부해 온 바이러스는 DNA 또는 RNA로 이루어진 유전 물질과 그 유전 물질을 보호하기 위한 단백질 껍데기로 이루어져 있어요. 또 어떤 바이러스는 단백질 껍데기 바깥에 추가로 동물의 세포막과 유사한 기름 성분으로 이루어진 막을 가지고 있지요. 그렇다면 바이로이드는 어떨까요? 바이로이드는 기름 성분으로 만들어진 막도 없고 단백질 껍데기도 없어요. 그냥 유전 물질인 RNA 조각일 뿐이에요. 신기한 녀석이지요?

» 바이로이드는 « RNA 조각일 뿐

RNA 조각일 뿐인 바이로이드를 생명 과학자 입장에서 생각해 보면 실험실 냉장고에 많이 있는 RNA 샘플과 다를 바가 없어요. 생명 과학자에게는 바이로이드가 다른 고등 생물의 세포를 감염시켜 자기와 똑같은 바이러스를 잔뜩 복제해 내는 바이러스와 비슷한 무언가라기보다는 그냥 무생물 시약처럼 느껴지는 것이지요. 단 하나, 바이로이드가 흔한 RNA 시약과 다른 점은 바이로이드의 RNA는 양쪽 끝이 연결된 고리 모양이라는 거예요. 대부분 실험실에서 사용하는 RNA 샘플은 양쪽 끝이 이어지지 않은 선 모양이거든요.

또 하나, 바이로이드의 재미있는 특징은 바이로이드의 유전 물질 RNA는 단백질을 만들도록 지령하는 정보를 가지고 있지 않다는 사실이에요. 최근에는 단백질을 만드는 정보를 가지고 있지 않은 색다른 RNA들이 많이 알려지고 있지만, 바이로이드가 처음 발견되었을 때만 해도 단백질 합성 정보를 가지고 있지 않은 RNA를 유전 물질로 가지고 있다는 사실은 무척 충격적이었어요. 왜냐하면 RNA를 유전 물질로 가지고 있는 바이러스들도 모두 자신의 RNA에 자신의 껍데기 단백질 또는 자신의 유전 물질을 복제하기 위한 효소 단백질을 만드는 유전 정보를 가지고 있기 때문이지요.

》 바이로이드는 《 식물 세포만을 감염시켜

그렇다면 이 바이로이드가 하는 일은 무엇일까요? 이름 그대로 바이로이드도 다른 세포를 감염시켜서 자신의 유전 물질을 복제하도록 하여 자신과 똑같은 바이로이드를 잔뜩 만들어 내어 번식해요. 바이로이드는 지금까지 약 50여 종 정도가 발견되었는데 모두 식물 세포만을 감염시킨다고 해요. 처음으로 발견된 바이로이드는 감자를 감염시키는 바이로이드였는데 보통 바이러스의 80분의 1 정도 되는 작은 크기 때문에 과학자들을 무척 놀라게 했어요. 바이러스들이 식물에 질병을 유발시키는 것처럼 바이로이드도 식물에 질병을 일으켜요. 바이로이드의 RNA 조각이 질병을

일으키는 것이지요. 그래서 농업과 관련하여 농생물학자들이 바이로이드 연구를 활발하게 하고 있어요.

농작물과 관련된 연구 이외에도 바이로이드는 생명 과학자의 많은 관심을 끌고 있어요. 왜냐하면 바로 생명의 탄생의 비밀을 풀어 줄 열쇠를 바이로이드가 가지고 있을지도 모르기 때문이지요. 앞에서 바이러스 선행설에 대해 배웠지요? 지구상에 세포로 이루어진 제대로 모양을 갖춘 생명체가 출연하기 전에 먼저 바이러스가 출현했다는 것이 바이러스 선행설이에요. 유전 물질 중 RNA가 DNA보다 먼저 지구상에 나타났다는 것을 모든 생명 과학자들이 인정하고 있어요. 그렇기 때문에 RNA로만 이루어진 바이러스의 조상인 바이로이드가 지구에 있는 생명체 모두의 먼 공통 조상이었을지도 모르는 것이지요.

지구의 모든 생명체에 대한 레벨 업 바이러스의
무차별한 공격이 시작되었다.

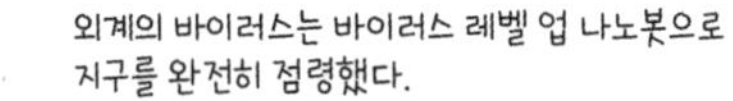

지구의 거의 모든 생물들은
레벨 업 된 바이러스에 감염되어
대량 멸종의 위기에 처하게 되었다.

인간도 예외는 아니었다.
심지어는 국제 바이러스 감염병 연구소의 연구원들도
악성 바이러스에 감염되었다.

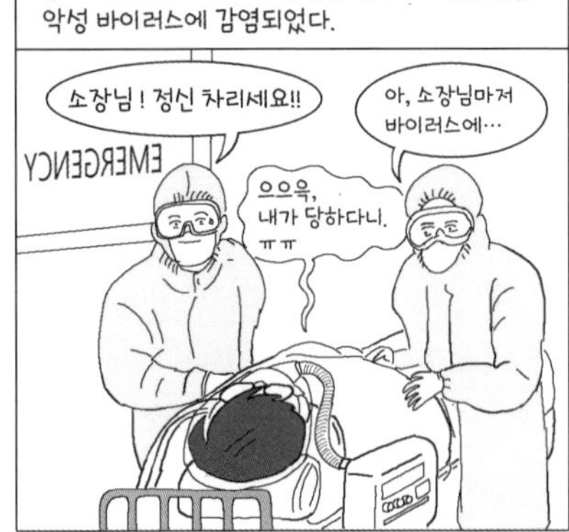

바이러스에 대한 인간의 반격이 시작되었다.
바이러스 나노봇을 무력화시킬 수 있는
공중 부양성 항체가 드론으로 전 세계
하늘에서 살포되었다.

인간이 개발한 공중 부양성 항체는 효과적으로 바이러스 나노봇들을 물리쳤다.

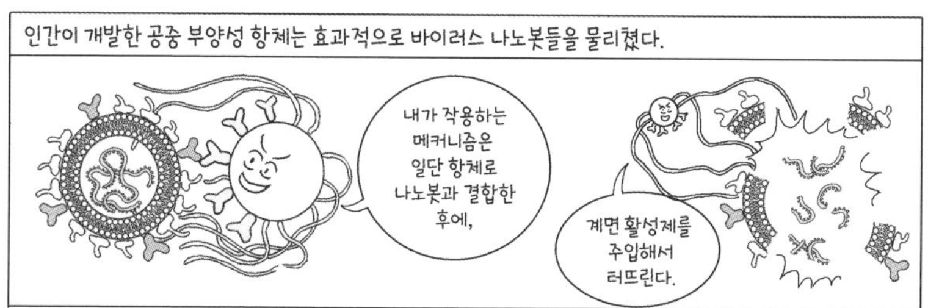

계속

3장

여러 가지
신기한 바이러스

10

바이러스는 다양한 식성을 가지고 있다고?

우리는 흔히 동물을 초식 동물, 육식 동물, 잡식 동물로 나누지요? 바이러스도 식성(?)에 따라서 여러 종류로 나눌 수 있어요. 물론 바이러스는 입이 없으니 음식을 섭취하는 것은 아니에요. 바이러스가 자신과 똑같은 바이러스를 만들 수 있는 에너지를 훔쳐 오기 위해서 숙주 세포가 필요하므로 숙주 세포를 '음식'이라고 표현한 것이지요. 바이러스가 어떤 생물을 숙주로 삼는지 알아볼까요?

바이러스는 생물도 아니라면서 바이러스의 '식성'이라고 표현한 것이 말도 안 된다고요? 비록 바이러스는 완벽한 생물은 아니지만 다른 세포 안의 여러 가지 분자 기계를 빌려서 자신과 똑같은 바이러스를 만들어요. 그렇게 자신과 똑같은 바이러스를 수백 배 수천 배로 증폭시킬 수 있는 에너지를 자신이 감염시킨 숙주 세포로부터 얻기 때문에 바이러스가 어떤 숙주 세포를 더 좋아하는가를 바이러스의 '식성'이라고 표현해도 나쁘지 않을 것 같아요.

숙주 세포를 감염시켜 안으로 들어간 바이러스는 숙주 세포로 하여금 여러 가지 일을 하도록 시켜요. 숙주 세포 안에 있는 DNA, RNA와 같은 핵산을 만들기 위한 작은 부속품 분자(뉴클레오티드), 단백질을 만들기 위한 작은 부속품 분자(아미노산)를 이어 붙여서 바이러스 자신의 핵산, 바이러스 자신의 단백질을 만들도록 시키지요. 작은 부속품 분자를 이어 붙여서 커다란 거대 분자를 만드는 거예요. 비록 우리 수준에서 보면 핵산이나 단백질도 작은 분자이지만 분자 수준에서 보았을 때는 엄청나게 큰 분자이므로 핵산이나 단백질과 같은 분자를 '거대 분자'라고 불러요.

여러분은 레고 블록이나 조립식 장난감을 가지고 놀았던 기억이 있지요? 작은 블록 조각을 모아서 커다란 모형을 만들려면 힘이 들지요? 밤새 모형을 만들다 보면 에너지를 너무 많이 소비해서 금방 배가 고파졌을 거예요. 무엇이든지 작은 것을 이어 붙여 큰 것을 만들려면 에너지가 필요해요. 장난감 블록으로 큰 모형을 만들기 위해서도 에너지가 있어야 하고, 작은 부속품 분자로 핵산이나 단백질과 같은 커다란 분자를 만들어 낼 때도 역시 에너지가 필요해요. 그렇기 때문에 바이러스는 숙주 세포의 에너지를 훔쳐서 사용하는 것이지요.

》 박테리아를 먹는 《 박테리오파지

동물이 다양한 식성을 가졌듯이 바이러스도 숙주 세포로 삼는 세포의 종류가 다양해요. 우선 지구상에 가장 많이 존재하는 바이러스인 '박테리오파지'에 대해서 알아볼까요? 박테리오파지는 박테리아를 숙주 세포로 삼아요. '파지'라는 뜻은 '먹는다'라는 뜻이에요. 즉 박테리오파지는 박테리아를 먹고 사는 바이러스라는 뜻이지요. 박테리오파지는 입이 없기 때문에 자기보다 훨씬 큰 박테리아를 '먹을 때' 입을 벌리거나 하지 못하고 박테리아 위에 앉듯이 올라타요. 그리고 마치 화장실에서 볼일을 보듯이 박테리아 안으로 자신의 유전자-DNA를 죽 떨어뜨려요. 언뜻 보면 바이러스가 박테리아를 먹는 것이 아니고 박테리아가 바이러스의 유전자를 먹는 것 같아요.

박테리아 안으로 들어간 바이러스의 DNA는 박테리아가 가지고 있는 핵산 조립을 위한 분자 기계, 단백질 조립을 위한 분자 기계 등을 총동원해서 박테리아가 세포 안에 저장해 놓은 에너지를 이용하여 자신의 핵산과 단백질을 잔뜩 만들어요. 그 이후에 박테리오파지의 핵산과 단백질은 박테리아 세포 안에서 조립되어 똑같은 박테리오파지가 박테리아 안에서 엄청나게 많이 만들어지는 것이지요. 이들은 결국 박테리아를 터뜨리고 밖으로 나와서 또 다른 박테리아를 잡아먹기 위해 공중을 떠 다녀요. 박테리오파지가 박테리아를 먹는 모습은 우리가 흔히 생각하는 음식을 섭취하는 장면과는 많은 차이가 있지만 다른 세포로부터 에너지를 얻는다는 면에서는 같지요.

» 식물이나 동물 세포를 « 먹는 바이러스

박테리아를 먹는 바이러스도 있지만 식물 세포로부터 에너지를 얻는, 식물 세포를 먹는 바이러스도 있어요. 그중에서 가장 잘 알려진 것은 담배의 세포에 기생하는 담배 모자이크 바이러스예요. 이 바이러스는 RNA 유전자와 단백질로 이루어진 길쭉한 원통 모양의 바이러스로, 유전자만 박테리아 안으로 주입하는 박테리오파지와는 달리 원통형 바이러스가 통째로 식물 세포 안으로 들어가요. 그 안에서 바이러스의 단백질은 식물 세포와 식물 세포 사이의 연결 통로를 넓히는 역할을 하여 옆에 있는 세포로 바이러스가 잘 퍼져 나가도록 도와줘요. RNA는 식물 세포 안에서 식물 세포의 분자 기계와 에너지를 이용하여 담배 모자이크 바이러스를 잔뜩 만들도록 하지요.

또 동물 세포에 기생하는 바이러스들도 많아요. 코로나19바이러스와 같은 코로나바이러스는 동물 세포를 숙주로 삼는 바이

러스예요. 이 바이러스는 동물 세포의 에너지를 훔치기 위해 동물 세포 안으로 들어가서 담배 모자이크 바이러스처럼 자신의 단백질과 RNA를 동물 세포 안에 퍼뜨려요. 코로나바이러스의 RNA는 동물 세포 안에서 역시 자신과 똑같은 코로나바이러스를 많이 만들도록 지시하지요. 동물 세포 안에서 만들어진 바이러스는 동물 세포의 세포막을 뚫고 나가는 과정에서, 동물 세포의 세포막에 둘러싸여 밖으로 나가게 되어요. 코로나바이러스는 동물 세포의 에너지를 훔쳐서 이용하는 동물 세포만을 좋아하는 식성을 가진 바이러스이지요.

11

거인 바이러스도 있다고?

바이러스는 흔히 세포보다 훨씬 작다고 알려져 있지요. 하지만 인간에 비유하면 '거인'에 해당하는, 다른 바이러스보다 엄청나게 덩치가 큰 바이러스도 있어요. 이 거대 바이러스는 도대체 무엇일까요?

바이러스는 굉장히 많은 종류가 있다고 알려져 있어요. 과학자들은 무엇이든 기준을 만들어 분류하고 나누는 것을 좋아해요. 과학의 '과(科)' 자가 분류한다는 뜻이지요. 그러면 바이러스는 어떻게 분류할까요? 유전 물질로 RNA를 가지고 있는 바이러스, DNA를 가지고 있는 바이러스 등으로 유전 물질에 따라 분류할 수도 있고, 크기에 따라 구분하기도 해요.

바이러스의 특징 중 하나는 아주 작은 크기이지요. 바이러스의 크기는 대개 20나노미터에서 100나노미터 정도 되어요. 참, 나노미터는 nm(nanometer)으로 나타내요. 나노는 9란 뜻이지요. 10^9나노미터가 1미터예요. 여러분이 길이를 재기 위하여 쓰는 자의 제일 작은 눈금 1밀리미터는 백만 나노미터에 해당하지요. 박테리아는 1,000나노미터, 동물 세포는 10,000나노미터 정도의 크기를 가지고 있어요.

그런데 바이러스 중에는 약 400나노미터 정도로 웬만한 작은 박테리아 정도의 크기를 가진 바이러스가 있어요. 이들을 거대 바이러스라고 불러요. 메가바이러스, 미미바이러스, 마마바이러스 등이 거대 바이러스에 속하는데 이름들도 참 재미있지요? 이런 거대 바이러스는 다른 바이러스들이 가지고 있지 않은 아주 다양한 유전자들을 가지고 있어요. 담배 모자이크 바이러스나 코로나바이러스처럼 RNA를 유전자로 가지고 있는 바이러스와 달리 거대 바이러스는 고등 생물처럼 DNA 이중 나선으로 이루어진 유전자를 가지고 있어요. 물론 RNA 대신 DNA를 유전자로 가지

고 있다고 반드시 거대 바이러스는 아니에요. 앞에서 배운 박테리아에 기생하는 박테리오파지도 거대 바이러스는 아니지만 DNA를 유전자로 가지고 있거든요.

》 다양한 기능을 가진 《 거대 바이러스

여러분은 유전체라는 말을 들어 보셨죠? 한 개체가 가지고 있는 유전자 전체를 유전체라고 해요. 독일어로는 게놈(genom), 영어로는 지놈(genome)이라고 하지요. 유전자가 많은 개체는 유전체의 크기도 크겠지요? 그렇기 때문에 유전체의 크기가 바이러스가 얼마나 다양한 기능을 가지고 다양한 단백질을 만들 수 있느냐를 판단하는 기준이 돼요. 유전체의 크기가 클수록 유전자의 종류도 많고 유전자들의 지령에 의하여 만들어지는 단백질의 종류도 많아요. 단백질은 여러 가지 생화학 반응이 일어나도록 도와주는 분자 기계이기 때문에 많은 종류의 단백질을 가지고 있는 바이러스는 그만큼 다양한 기능을 가지고 있는 바이러스라고 생각할 수 있어요.

바이러스의 크기는 우리가 길이를 재는 단위인 미터로 나타낸다고 했었지요? 그러면 유전체의 크기는 어떠한 단위로 나타낼까요? 유전체의 크기는 '염기'라는 유전자를 이루는 핵산의 단위체의 개수로 나타내요. 인간의 유전체 크기는 30억 염기이고 가장 흔한 박테리아인 대장균의 유전체 크기는 460만 염기 정도 돼요. 그렇다면 바이러스의 유전체 크기는 어떨까요?

바이러스 중에서 가장 작은 바이러스는 약 2천 염기 정도 되는 작은 유전체를 가지고 있어요. 코로나바이러스의 유전체 크기는 약 3만 염기 정도 돼요. 그렇다면 거대 바이러스의 유전체 크기는 어떨까요? 거대 바이러스는 30만 염기에서 100만 염기 정도 되는 아주 큰 유전체를 가지고 있어요. 유전자의 종류도 무려 1,000종에 달해요. 아주 복잡한 기능을 가진 바이러스지요.

어떤 과학자들은 크기도 크고, 복잡하고 큰 유전체를 가진 거대 바이러스를 새로운 생물 분류군에 넣자고 주장하기도 해요. 고세균역, 박테리아역, 진핵세포역으로 생물을 분류하는 것을 3역 분류법이라고 하는데 여기에 거대 바이러스를 새로운 생물 분류군인 제 4역으로 넣자고 하는 의견이지요. 하지만 찬성하는 과학자가 많지는 않다고 해요. 거대 바이러스든 꼬마 바이러스든 바이러스는 바이러스일 뿐이고 생명체는 아니라고 생각하는 과학자들이 많다는 것이지요. 우리 사회에서 여러 구성원들의 의견을 민주적으로 반영하여 여러 가지 규율과 법칙을 정하듯이 과학의 세계에서도 과학자들의 합의가 무척 중요하거든요.

★ **바이러스를 분류하는 방법**은 크게 두 가지가 있다. 첫 번째는 바이러스를 진화 과정에 따라 분류하는 것이다. 즉 가까운 공통 조상을 가진 바이러스를 같은 분류군에 넣는 방식이다. 두 번째는 볼티모어라는 학자가 1971년에 제안한 방식으로 바이러스의 유전 물질(DNA, RNA)을 이용하여 분류하는 방법이다.

12

포유동물의 태반을 만드는 바이러스도 있다고?

손도 깨끗이 씻고 마스크도 항상 쓰고 다니는데 내 세포 안에는 바이러스가 항상 숨어 있대요. 바이러스가 세포 안에 숨어 있어도 괜찮은가요? 세포 안에 숨어 있는 바이러스를 없앨 수 있는 방법은 없나요? 뭐라고요? 포유동물의 태반이 바이러스가 없으면 만들어지지 못했을 거라고요?

우리는 항상 독감 바이러스나 코로나바이러스의 감염을 막기 위해서 손을 깨끗이 씻어야 한다고 배웠어요. 손만 씻나요? 기도를 통해 바이러스가 우리 몸 안에 들어오는 것을 막기 위해 마스크도 쓰고 다니지요. 그런데 아무리 우리가 바이러스에 감염되지 않으려고 노력해도 이미 우리 세포 안에는 몇백만 년 동안 숨어 있는 바이러스가 있다고 해요. 인류, 호모 사피엔스가 처음 지구에 탄생했을 때부터 이미 바이러스는 인류의 세포 안에 자리 잡고 있었다고 해요.

앞에서 우리 인간의 유전체 크기는 30억 염기라고 배웠지요? 유전자의 가장 잘 알려진 기능 중의 하나는 단백질을 만들도록 지시하는 정보를 가지고 있는 것인데, 실제로 인간 유전체 30억 염기 중 약 1퍼센트만이 단백질을 만드는 정보를 가지고 있는 유전자라고 해요. 나머지 유전체는 대부분 아직도 기능을 잘 모르는 부분이 많아요. 그런데 놀라지 마세요. 인간 유전체의 무려 8퍼센트 정도가 바이러스의 유전자라고 해요. 바이러스가 끊임없이 인류의 조상의 세포를 감염시켜 자신의 유전자를 인간 세포 유전자 안에 흩뿌려 놓은 것이지요.

보통은 바이러스가 여러분의 세포를 감염시킬 경우 대부분 자신의 유전자만 증폭하여 자신과 똑같은 바이러스를 잔뜩 만든 다음 여러분의 세포를 파괴하고 다시 다른 숙주 세포를 찾아서 떠나게 돼요. 하지만 아주 낮은 확률로 바이러스가 자신의 유전자를 여러분 세포 안의 유전자 사이에 끼워 넣고 미처 빠져나오지 못하는 경우도 있어요. 원인은 여러 가지가 있지만 숙주 세포 밖으로 빠져나오는 데 필요한 바이러스의 유전자가 돌연변이 등에 의하여 망가져서 그렇게 되는 경우도 있지요. 이런 경우 바이러스의 유전자는 숙주 세포의 유전자와 일심동체가 되어 세포가 죽을 때까지 같이 있게 되어요. 이렇게 여러분의 피부 세포나 기관지의 상피 세포 등을 감염시킨 바이러스의 유전자는 여러분의 자손에게는 전달되지 않아요. 피부 세포나 상피 세포의 유전자는 자식에게 물려주지 않기 때문이지요.

» 우리는 « 바이러스의 자손인가?

그렇다면 바이러스의 유전자가 대물림을 하게 되는 이유는 무엇일까요? 바로 바이러스가 자신의 유전자를 인간의 생식 세포인 난자와 정자의 유전자에 집어넣었을 경우예요. 물론 이런 일이 일어날 확률은 크지 않아요. 하지만 워낙에 많은 바이러스가 끊임없이 우리 인류의 조상 세포를 감염시켰고 그중의 일부가 생식 세포까지 감염시켜서 바이러스의 유전자가 후손인 우리 현대의 인류에게까지 전해진 것이에요. 아주 낮은 확률로 바이러스가 생식 세포를 감염시키고 또 그보다 낮은 확률로 바이러스가 뛰쳐나가지 않고 우리 세포 안에서 영원히 존재하게 된 것이지요. 우리 유전자의 8퍼센트가 바이러스 유전자라니 놀랍죠? 우리는 인간인가요? 진화한 바이러스인가요?

우리 몸에 숨어 있는 바이러스의 유전자는 대부분 무해하지만 어떤 경우는 암을 일으키기도 해요. 바이러스로부터 유래한 발암 유전자가 갑자기 일을 열심히 하게 되어서 암이 발병하는 경우도 있지요. 또한 후천성 면역 결핍증(에이즈, AIDS)을 일으키는 HIV라는 바이러스에 인간이 감염되면 그동안 인간의 세포 안 깊숙이 숨어 있었던 많은 바이러스들이 다시 튀어나오게 된다는 결과도 있어요.

하지만 이렇게 우리 몸 안에 숨어 있는 바이러스의 유전자들이 나쁜 짓만 하는 것은 아니에요. 만일 바이러스가 우리의 조상을 감염시키지 않았다면 엄마의 태반에서 자라다가 태어나는 우

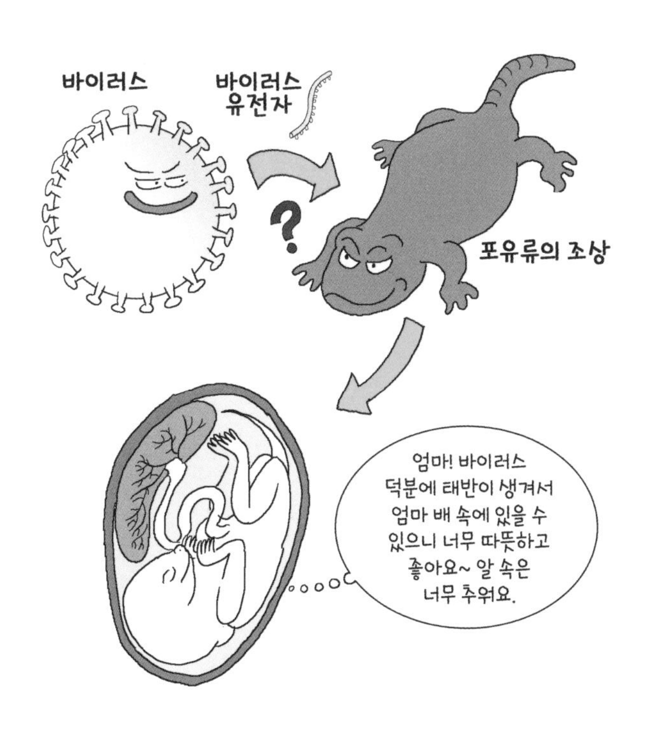

리 포유류는 지구 위에 존재하지 못했을 거예요. 왜냐고요? 태반을 만드는 데 중요한 역할을 하는 단백질인 '신시틴'이 바로 바이러스의 유전자에 의해서 만들어진다고 해요. 몇백만 년 전 포유류의 조상이 바이러스에 의해 감염되고, 그 바이러스가 신시틴이라는 단백질을 만들 수 있는 유전자를 우리 포유류의 조상 세포 안에 심어 놓은 것이지요. 어때요? 우리는 그렇다면 바이러스의 자손인가요?

13

정20면체 바이러스가 있다고?

정20면체 모양을 아시나요? 정삼각형 20개로 이루어진 정다면체를 뜻해요. 그런데 어떤 바이러스는 정20면체 모양을 하고 있다고 해요. 도대체 무슨 이유로 바이러스가 이러한 기하학적인 모습을 하고 있는 것일까요? 바이러스의 기능과 관련이 있을까요?

정20면체 바이러스 이야기를 하기 전에 정다면체에 대해서 잠깐만 공부해 볼까요? 정다면체란 무엇인가요? 입체 구조를 가지고 있는 다면체 중 모든 면이 정다각형으로 이루어져 있고, 모든 꼭짓점에 모이는 면의 개수가 같은 다면체를 정다면체라고 해요. 가장 간단한 정다면체는 삼각형 네 개로 이루어져 있는 정사면체가 있고, 우리 주변에서 흔하게 볼 수 있는 정다면체로 사각형 여섯 개로 이루어진 주사위 모양의 정육면체가 있지요. 정육면체보다 면의 수가 더 많은 다면체는 어떤 것들이 있을까요? 인터넷 검색을 해 보세요. 정사면체 두 개를 이어붙인 정팔면체가 있고, 오각형 열두 개로 이루어진 정십이면체가 있지요. 그리고 마지막으로 정삼각형 스무 개를 가진 정20면체가 있어요.

정20면체보다 많은 면을 가진 정다면체는 존재하지 않아요. 정다각형은 정사각형 정오각형 정육각형 얼마든지 많은 다각형이 무한히 존재하는데, 왜 정20면체보다 많은 면을 가진 정다면체는 존재하지 않느냐고요? 아, 제가 여기서 그 이유를 수학적으로 증명할 수는 있는데, 이 책은 수학책이 아니고 바이러스에 대한 책이니까 하지 않도록 할게요. 일단 정20면체가 어떻게 생긴 것인지 89쪽의 그림을 한번 보세요.

저렇게 재미있는 정20면체 모양의 바이러스가 있다니 참 신기하지요? 도대체 어떤 바이러스가 저런 모양을 하고 있을까요? 가장 잘 알려진 예는 앞에서 이야기하였던 박테리오파지일 거예요. 박테리오파지의 머리는 약간 아래위로 늘어난 정20면체 모양을 하고 있어요. 동물 세포를 숙주로 이용하는 바이러스 중에서는 소아마비의 병원체인 폴리오바이러스, 호흡기 감염을 일으키는 아데노바이러스, 감기를 일으키는 리노바이러스가 정20면체 모양을 하고 있어요.

》 캡시드는 《
유전자를 보호해

바이러스의 정20면체 모양은 작은 단백질들이 모여서 만들어요. 정20면체니까 면은 당연히 20개고 꼭짓점은 12개가 있어요. 이 단백질로 이루어진 정20면체 안에는 무엇이 들어 있을까요? 바이러스의 유전자인 핵산이 들어 있지요. 정20면체 모양의 단백질 껍질은 이 바이러스의 유전자를 보호하는 기능을 해요. 이러한 바이러스의 유전자를 보호하는 단백질 껍질을 '캡시드'라고 불러요. 그렇다면 바이러스의 캡시드는 많은 다면체 모양에서 하필 정20면체 모양을 택하였을까요? 아주 복잡한 수학적, 화학적, 물리학적 이유가 있지만 간단히 이야기하면 다음과 같아요.

바이러스의 캡시드는 누구의 도움도 없이 혼자서 저절로 만들어져야만 해요. 바이러스의 캡시드를 이루는 단백질은 수용액 안에서 자기들끼리 서로 당기는 인력에 의해 저절로 모여서 정20면체의 캡시드를 만들어요. 왜 수용액이냐고요? 우리의 세포 안도 거의 다 물로 이루어져 있고 세포 밖도 거의 물로 이루어져 있어요. 그렇기 때문에 단백질들이 조립되어 어떠한 구조를 만들

때 물과 친하냐 친하지 않느냐가 굉장히 중요해요. 고깃국 위의 기름방울이 물과 섞이지 못하고 자기 기름방울들끼리만 뭉쳐지는 것을 본 적이 있지요?

사실 수용액에서 단백질들끼리 결합하는 가장 기본적인 원리는 물과 친하지 않은 부분을 서로 맞닿게 해서 주변의 물로부터 감추는 것이에요. 그렇기 때문에 세포 안의 물속에 있는 바이러스의 캡시드를 이루는 단백질은 물과 친하지 않은 부분을 서로 맞닿게 해서 정20면체 구조를 형성하지요. 그런데 정20면체는 대칭 구조이기 때문에 정20면체를 구성하는 단백질은 옆에 모여서 붙어 있는 단백질들과 모두 동일한 힘, 동일한 방법으로 모여서 캡시드 구조를 형성해야 해요. 어느 방향에서 보아도 모든 면, 모든 꼭짓점이 모두 다 동일하게 생긴 정다면체 모양이 바이러스의 캡시드 모양으로 가장 적합한 이유가 여기 있어요.

》 캡시드 내부 부피가 《 크려면?

그렇다면 정다면체 중에서도 왜 하필 정20면체일까요? 앞에서 정20면체가 가장 면의 개수가 많은 정다면체라고 했지요? 정다면체는 면의 개수가 많을수록 구형에 가까워져요. 정사면체와 정20면체를 비교해 보면 알 수 있어요. 구형에 가까워야 표면적에 비한 내부의 부피 비율이 크기 때문에 구형에 가까운 모양의 캡시드를 만들어야, 같은 개수의 캡시드 단백질을 가지고 가장 큰 캡

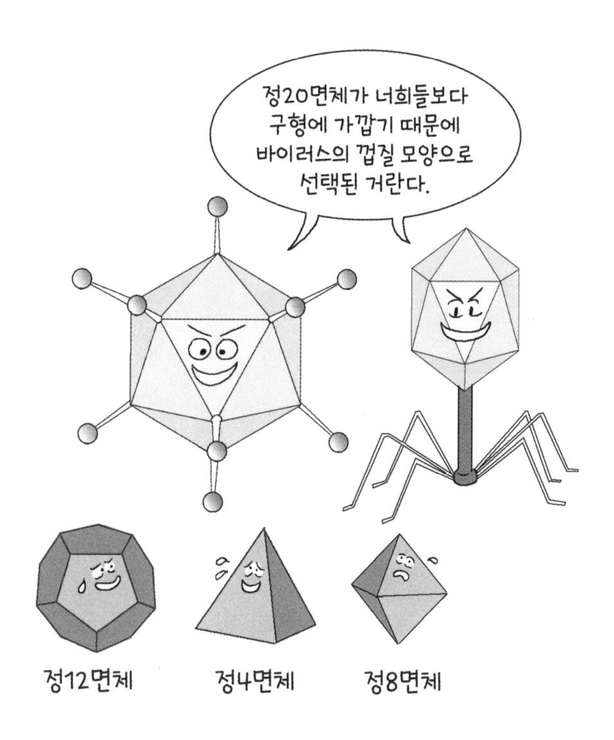

시드 내부 부피를 만들 수 있어요. 캡시드 내부 부피가 커야 더 충분한 유전자를 넣을 수 있겠지요? 그러므로 바이러스 입장에서는 적은 개수의 캡시드 단백질로 더 많은 유전자를 감싸서 보호할 수 있으면 아주 효과적이겠지요. 단백질을 만드는 데도 다 에너지가 드니까요. 이러한 이유 때문에 바이러스의 껍질 모양으로 구형에 제일 가깝게 생긴 정20면체가 가장 선호되는 것이에요.

14

코로나19 왕관이 하는 일은?

코로나바이러스가 2019년 처음 알려졌던 때가 기억나요. 지하철을 탔는데 "코로나바이러스 감염증이 유행하니 조심하세요."라는 안내 방송을 듣게 되었어요. 지금은 코로나바이러스가 모든 사람에게 너무 익숙한 단어가 되었지만 그런 학술 용어가 지하철 안내 방송에 나오는 것은 너무 어색했어요. 코로나바이러스가 어떤 바이러스인지 왜 그런 복잡한 이름을 갖게 되었는지 공부해 볼까요?

코로나바이러스의 '코로나'를 사전에서 찾으면 '태양 대기의 가장 바깥층에 있는 엷은 가스층'이라는 뜻으로 나와요. 간단히 말하자면 태양의 대기를 코로나라고 하는데 태양 주변으로 밝은 빛이 마치 왕관이나 사자의 갈기 모양으로 뻗어 나와 있지요. 개기 일식이 되면 코로나를 지구에서도 관찰할 수 있다고 해요. 개기 일식이 일어나면 태양의 가운데 부분이 달에 의해 가려지기 때문에 평소에는 태양 중앙부의 밝은 빛 때문에 볼 수 없었던 주변의 코로나가 고리 모양으로 태양의 주변을 빙 둘러싼 모습이 보이게 되는 것이지요.

그렇다면 왜 코로나바이러스는 태양의 대기를 뜻하는 코로나라는 이름을 가지게 된 것일까요? 구형의 코로나바이러스의 겉껍질 위로 뾰족뾰족한 뿔같이 생긴 것들이 튀어나와 마치 왕관의 장식이나 태양 표면의 코로나처럼 보이기 때문이지요. 그렇다면 코로나바이러스가 표면에 가지고 있는 이 뾰족한 뿔 같은 것은 무엇일까요?

코로나바이러스의 뿔은 단백질로 이루어져 있어요. 코로나바이러스는 우리 인간의 세포를 숙주로 삼아 인간 세포에 달라붙어야 하는데 그때 이 뿔이 필요해요. 지금 유행하는 코로나바이러스의 한 종류인 코로나19바이러스의 경우, 이 뿔이 우리 세포의 표면에 있는 또 다른 단백질인 ACE2와 결합하기 때문이지요. 이러한 결합이 없으면 코로나19바이러스는 우리 세포를 감염시키지 못해요.

》코로나바이러스 뿔이《 우리 세포의 단백질과 결합해

코로나19바이러스의 뿔은 두 개의 서로 다른 단백질로 이루어져 있는데 하나는 우리 세포 표면 단백질인 ACE2와 결합하는 역할을 하고, 또 다른 하나는 코로나19바이러스 표면의 막과 우리 세포막을 합쳐 주는 기능을 해요. 한 단백질이 숙주 세포 표면의 ACE2와 결합하게 되면 다른 단백질이 바이러스 표면의 막과 세포막이 하나가 되도록 도와주게 돼요. 마치 닭곰탕 국물 위에 둥둥 뜬 작은 기름방울을 젓가락 끝으로 툭 밀면 큰 기름방울과 합쳐지듯이, 작은 코로나19바이러스의 막이 큰 세포막과 합쳐지는 것이지요. 두 개의 기름방울이 합쳐지면 그 안의 내용물이 서로 섞이겠지요?

코로나19바이러스와 세포막이 합쳐지면 코로나19바이러스 내부의 유전자, 단백질들이 세포 안으로 쏟아져 들어가 숙주 세포 안의 내용물과 마구 섞이게 돼요. 그렇게 세포 안으로 들어온 코로나19바이러스의 유전자는 자신의 복제에 필요한 단백질을 숙주 세포 안에서 잔뜩 만들어요. 숙주 세포 안에서 코로나19바이러스가 굉장히 많이 조립되어 숙주 세포 안이 너무 좁게 느껴지면 다시 숙주 세포의 막을 뚫고 밖으로 나가게 되는 것이지요.

이제 코로나19바이러스 표면의 코로나, 즉 왕관 모양을 이루고 있는 뿔이 코로나19바이러스가 세포를 감염시키는 데 중요한 역할을 한다는 것을 알았지요? 이 뿔이 없으면 코로나19바이러스가 우리 세포를 감염시키지 못한다는 것이지요. 이러한 점에 착안하여 코로나19 감염증을 예방하기 위해 과학자들은 코로나19바이러스 표면의 뿔을 이용해요. 코로나19바이러스의 뿔을 만드는 단백질에 대한 정보를 가지고 있는 유전자를 사용하여 코로나19바이러스 백신을 만드는 것이지요. 이러한 백신을 우리 몸에 주입하면 우리 몸의 면역 반응을 통해 코로나19바이러스의 뿔과 결합하여 코로나19바이러스를 무력화시킬 수 있는 항체가 만들어져

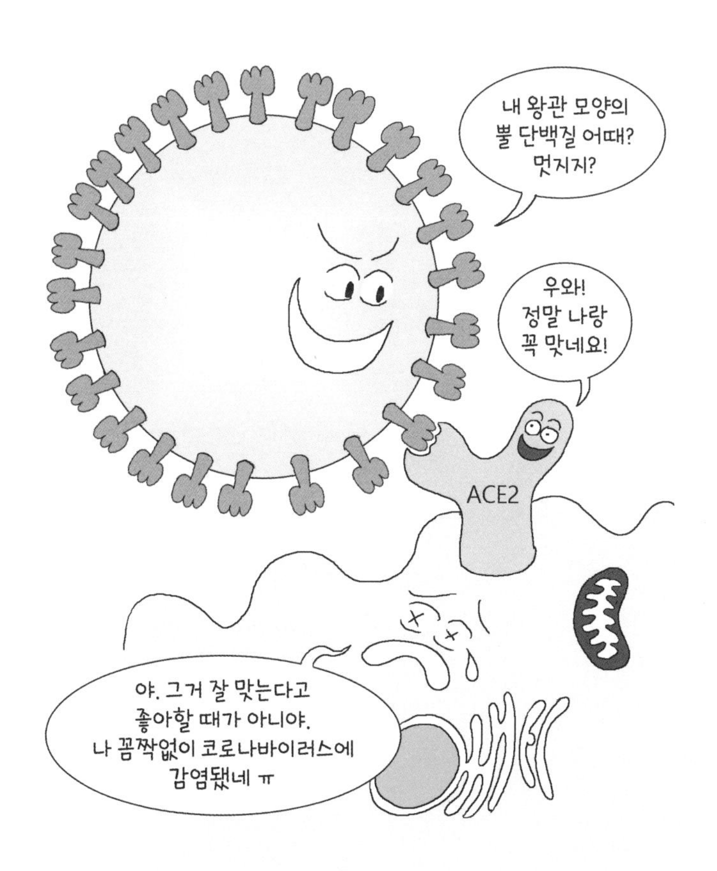

요. 우리 몸에 코로나바이러스가 침입하게 되어도 이 항체가 우리 몸 세포의 단백질인 ACE2 대신 코로나19바이러스 표면의 뿔에 결합하여 코로나바이러스를 없애게 되는 것이지요.

코로나19바이러스는 자기 표면에 가지고 있는 코로나, 즉 뿔 때문에 우리 인간에게 무서운 감염증을 일으킬 수 있지만 우리 인간은 그 코로나19바이러스 표면의 뿔을 거꾸로 이용하여 코로나바이러스를 무찌를 수 있는 것이지요.

15

한탄 바이러스를 발견한 한국인 과학자는?

우리나라 학자가 이름을 붙인 바이러스에 대해서 들어 보셨나요? 이호왕 박사님은 한탄강 근처에서 잡은 쥐에서 분리한 바이러스에 한탄 바이러스라는 이름을 붙였어요. 이호왕 박사님은 출혈열이라는 질병을 일으키는 한탄 바이러스를 발견하고 백신까지 개발하는 훌륭한 업적을 남겼지요. 이제 한탄 바이러스에 관한 이야기를 해 볼까요?

생명 과학을 공부하다 보면 새로운 이름을 붙일 일이 자주 생겨요. 저와 친한 대학 동창 친구는 대학원에서 연구하던 시절 한국산 거머리에서 독특한 단백질을 발견하고 '거머린'이라는 이름을 붙여서 외국 학술지에 발표하였어요. 또 저와 같은 학교에 계신 선배 교수님 한 분은 외국에서 공부하던 시절 새로운 단백질을 발견하여 MMTR이라는 이름을 직접 붙였지요. 이런 심심한 이름 말고 재미있는 이름을 유전자나 단백질에 붙이는 경우도 있어요. 게임의 주인공인 소닉 헤지호그를 아시나요? 세가 게임에 등장하는 캐릭터예요. 이 이름이 붙은 유전자에 돌연변이가 일어나면 초파리 애벌레의 모습이 고슴도치(헤지호그)처럼 변해서 이 유전자를 발견한 과학자는 자기 아이들이 매일 하는 게임 캐릭터인 소닉 헤지호그(고슴도치 소닉)의 이름을 자기가 발견한 유전자에 붙였어요.

생명 과학자들은 유전자나 단백질 말고도 새로운 생물을 발견하면 자기가 직접 명명해요. 저의 연구실 옆에는 생물 다양성 연구실이 있는데 그 연구실에서 일하는 과학자들은 세계 여러 바다에서 가져온 샘플로부터 새로운 갑각류를 발견하여 이름을 붙이는 연구를 하고 있어요. 저도 빨리 제가 연구하는 분야에서 새로운 무언가를 발견하여 이름을 붙이고 싶은데 쉽지 않네요. 좀 더 열심히 연구해야겠지요?

어쨌든 이렇게 많은 유전자, 단백질, 생물 등이 우리 한국 과학자들에 의해 새로운 이름을 얻었듯이 바이러스의 경우도 한국의 과학자가 이름을 붙인 바이러스가 있어요. 바로 한탄강의 지명에서 이름을 따온 한탄 바이러스예요. 여러분은 한탄강에 가 보신 적이 있나요? 강원도 철원군과 연천군에 걸쳐서 흐르는 강이에요. 저는 아주 어렸을 때 부모님과 같이 가 본 적이 있는데 강가의 검은 현무암이 아주 아름다웠던 것과 강물 속에 거북이가 굉장히 많이 있었던 기억이 나요. 한탄강은 후고구려의 왕 궁예가 강 주변의 현무암을 보고 나라가 곧 망할 징조라고 깊은 한탄을 해서 한탄강이라는 이름을 얻었다고 하네요. 강이나 계곡 주변에서 우리가 주로 보는 암석은 밝은색 화강암인데 한탄강의 검은 현무암은 참 독특해요. 저의 기억으로는 나라가 망할 징조로 보인다기보다는 아주 아름다운 경치로 보였는데 여러분도 한번 가서 확인해 보세요.

》 세계 최초로 《
한탄 바이러스 발견

한탄강과 한탄 바이러스의 발견은 우리나라의 아픈 역사와도 관련이 있어요. 1951년 한국 전쟁이 한창일 무렵 '철의 삼각지'라고 불리던 중부 전선 철원, 김화, 평강 지역에서 전투에 참여한 유엔군 3,200명이 괴질에 걸리게 되었어요. 당시 유엔군의 출신 국가였던 서양의 의사들도 처음 보는 심각한 출혈성 질환이었어요. 이 괴질의 원인을 알아내기 위해 많은 나라의 학자들이 연구에 참여하였으나 병을 일으키는 원인을 찾아내지 못하였어요.

한국 전쟁이 끝나고 오랜 시간이 지난 1969년 우리나라의 이호왕 박사님이 이 출혈성 질환이 많이 발생하는 한탄강 유역에서 채집한 등줄쥐의 조직에서 이 괴질의 병원체인 신종 바이러스를 찾아냈어요. 이호왕 박사님은 등줄쥐가 잡힌 지역의 이름을 따서 이 바이러스를 '한탄 바이러스'라고 이름 지었어요.

이야기는 여기서 끝이 아니에요. 한탄 바이러스가 일으키는 출혈열과 비슷한 질병을 일으키는 유사한 바이러스가 전 세계에서 계속 보고되었어요. 이러한 바이러스들이 서로 유사성이 있다는 것을 알게 된 이호왕 박사님은 한탄 바이러스와 유사한 바이러스들을 모두 모아서 새로운 바이러스 속(분류 단위)의 이름을 제안했어요. 외국 사람들이 발음하기 쉽게 한탄 바이러스에서 받침 'ㄴ' 하나를 떼어 내어 '한타바이러스 속'이라는 바이러스 분류 그룹을 제안한 것이지요. 현재까지 국내에서 서울 바이러스, 무주 바이러스. 제주 바이러스, 임진 바이러스 등의 새로운 한타바이러스 종류들이 보고되었어요.

이호왕 박사님은 지치지 않는 연구를 통해 한타바이러스들이 일으키는 유행성 출혈열을 예방할 수 있는 백신인 '한타박스'를 개발하여 유행성 출혈열의 발생 빈도를 줄이는 혁혁한 의학적 성과를 이루어 내었어요. 한타박스는 우리나라에서 개발된 신약 1호로도 유명하지요.

현무암이 아름다운 한탄강의 경치를 보러 갈 기회가 생기면 그곳에서 가까운 자유 수호 평화 박물관에 있는 '이호왕 기념관'

을 한번 들러 보세요. 바이러스 연구로 세계적인 업적을 쌓은 우리나라 과학자의 발자취를 더듬어 볼 수 있는 의미 있는 시간이 될 거예요.

공중 부양성 항체가 바이러스
나노봇들을 효과적으로
파괴하여 인간이 바이러스와의
싸움에서 이기는 듯 보였다.

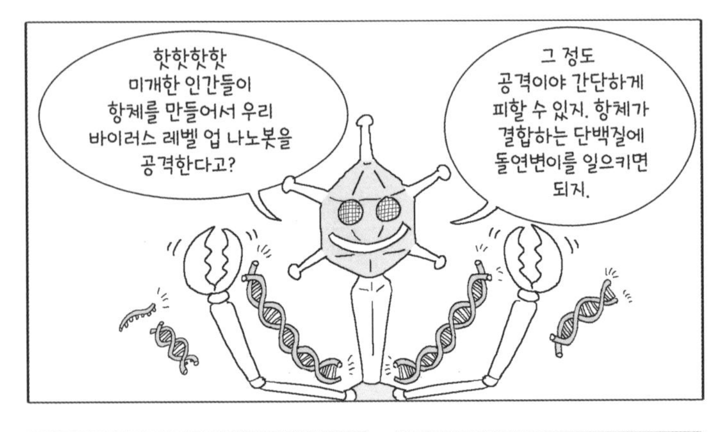

결국 돌연변이 단백질을
가진 새로운 바이러스 나노봇
이 등장하게 되자…

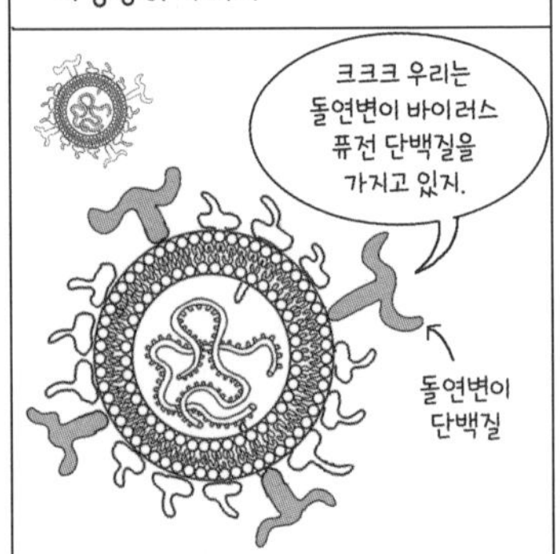

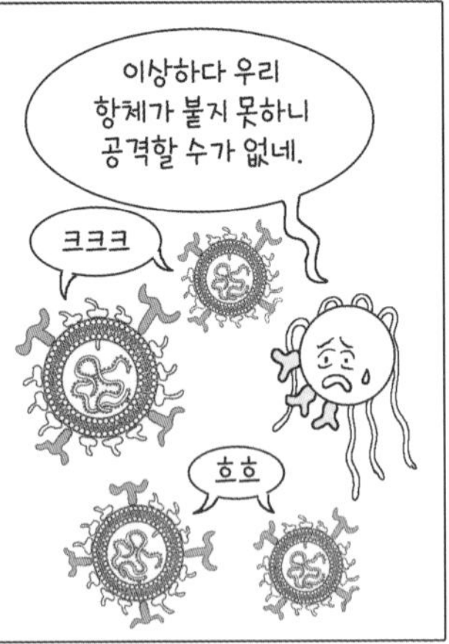

외계 바이러스 괴물은 계속 새로운 돌연변이를 가진 바이러스 레벨 업 나노봇들을 만들어 내었다.

계속

4장

질병을 일으키는 바이러스

16

몸에 사마귀는 왜 생길까?

사마귀를 아시나요? 곤충 사마귀 말고 손이나 발에 나는 딱딱한 각질로 덮인 사마귀 말이에요. 가족이나 친척 중에 사마귀가 나 있는 걸 본 적이 있나요? 사마귀가 왜 생기는지 궁금하지요? 자, 사마귀를 일으키는 바이러스에 대해 알아볼까요?

여러분은 혹시 지금 손에 사마귀가 나 있나요? 주로 손톱 근처에서 많이 발견되는데 딱딱한 각질로 싸여 있어서 굳은살이나 티눈으로 잘못 알고 있기도 하지요. 굳은살이나 티눈은 피부에 압력이 계속 가해져서 생기는 것이지만 사마귀는 인유두종 바이러스(파필로마바이러스)라는 바이러스가 우리 피부를 감염시켜서 생기는 피부 질환이에요.

제가 어렸을 때는 저도 손에 사마귀가 많이 났었고 저의 친구들도 몸 이곳저곳에 사마귀를 달고 살았어요. 어느 정도 크기가 커지면 어느 날 갑자기 없어지기도 하고 또 다른 곳에 갑자기 생겨나기도 해서 상당히 신경이 많이 쓰였지요. 어떤 친구들이 곤충 사마귀를 잡아다가 손에 난 사마귀를 뜯어 먹게 하면 없앨 수 있다는 이야기를 해서 시도해 본 적이 있었는데 잘 되지 않더군요. 사마귀를 잘 뜯어 먹어서 그 곤충이 사마귀라는 이름을 갖게 되었다고 말하던 친구가 기억나는데, 아무런 근거가 없는 이야기라고 해요. 곤충 사마귀와 손에 나는 사마귀는 전혀 관계가 없대요.

》 사마귀가 생기면? 《
얼른 병원 가기

제가 어렸을 때는 사마귀를 대수롭지 않게 생각하고 곤충 사마귀한테 뜯어 먹게 시키는 등의 위생상 바람직하지 못한 민간 처방을 했었어요. 지금은 사마귀가 생기면 빨리 병원을 찾아가는 것이 좋아요. 바이러스에 의해 유발되는 질환의 특성상 완벽한 치료는 힘

들고 물리적으로 제거하는 방법밖에 없다고 해요. 몸의 면역이 약해져 있거나 운 없게 인유두종 바이러스가 전염력이 강한 녀석이라면 사마귀가 몸의 여러 곳으로 번질 수도 있으니 가능하면 빨리 피부과를 찾아가서 치료받도록 하세요. 그런데 사마귀와 티눈, 굳은살은 어떻게 구분할 수 있을까요? 각질을 제거하였을 때 아래 피부에 붉은 점처럼 보이는 점상 출혈이 관찰되는 것이 사마귀예요. 굳은살이나 티눈은 혈관이 연결되어 있지 않기 때문에 그것이 관찰되지 않아요.

» 온몸이 사마귀에 «
뒤덮일 수 있다니…

'나무인간 증후군'에 대해서 들어 보셨나요? 나무인간 증후군은 마치 나무껍질처럼 온몸이 사마귀에 뒤덮이는 아주 심각한 질병이에요. 인유두종 바이러스가 온몸의 피부를 모두 감염시킨 경우지요. 이러한 경우는 면역 체계에 선천적인 문제가 있어서 바이러스를 면역 세포가 제거하지 못해서 발생해요. 이러한 질병은 아주 드물게 발생하고 대부분의 경우 인유두종 바이러스가 우리 몸을 침범해도 우리의 면역 세포들이 알아서 제거해 주니 크게 걱정하지 마세요.

인유두종 바이러스는 손이나 발에 사마귀를 일으키지만 어떤 종류의 인유두종 바이러스는 여성에게 자궁 경부암을 일으키기도 해요. 요즘 많은 사람들이 맞는 자궁 경부암 백신 주사가 바로 이 인유두종 바이러스 백신이에요. 이 바이러스는 성별을 가리지 않고 남성의 몸에도 암을 일으킬 수 있기 때문에 자궁 경부암 백신은 여성뿐 아니라 남성도 접종하는 것이 좋다고 해요. 청소년기에 미리 맞는 것이 좋다고 하니 여러분도 부모님과 상의해 보세요.

★ **인유두종 바이러스**(Human Papilloma Virus, HPV)는 자궁 경부암 환자의 대부분에서 발견된다. 자궁 경부암 예방 백신의 이상적인 접종 연령은 만 9~13세이며, 만 26세까지는 접종이 권고된다. 만 12세 이상 여성 청소년은 예방 접종을 무료로 받을 수 있다.

인유두종 바이러스는 사마귀를 일으키는 비교적 덜 위험한 녀석들부터 암을 일으키는 무시무시한 놈들까지 약 100종 정도가 알려져 있어요. 100종 중 14종 정도가 자궁 경부암 등을 일으킨다고 해요. 물론 여러분의 손에 나는 사마귀를 만드는 인유두종 바이러스는 암을 일으키는 종류는 아니니 안심하세요. 하지만 우리는 항상 여러 가지 바이러스에게 언제든지 공격당할 수 있으니 조심하는 것이 좋겠지요? 인유두종 바이러스 백신은 꼭 맞도록 하고요.

17

어떤 바이러스가 암을 일으킬까?

우리나라 사람들의 37퍼센트 이상이 죽기 전에 한 번은 암에 걸린다고 해요. 그만큼 암은 흔한 질환이 되었고 조기 발견으로 완치 가능성도 높아졌지요. 암은 여러 가지 요인에 의해 발병하지만 바이러스에 의해 생기는 경우도 있어요. 앞에서 인유두종 바이러스에 의해 자궁 경부암 및 기타 몸의 다른 부위에 암이 생길 수 있다는 것을 배웠지요? 그 외에 다른 바이러스에 의해 유발되는 암에 대해 알아볼까요?

여러분은 질병에 관한 이야기를 읽는 것을 좋아하나요? 저는 어렸을 때 과학책을 너무 좋아해서 물리학, 천문학, 생명 과학 등 분야를 가리지 않고 읽었어요. 지금처럼 책이 흔한 시절이 아니라서 구할 수 있는 책은 몇 번이고 반복해서 읽었지요. 하지만 질병이나 의학에 관한 책은 왠지 읽기가 무서웠어요. 해부학 책에 그려진 인체 내부와 장기의 모습도 징그러웠고 질병에 관한 글을 읽으면 왠지 나도 그 병에 걸릴 것 같아서 두려웠지요. 모르는 것이 약이라고 할까요? 아마도 저는 그런 생각을 하고 있었던 것 같아요.

그래서 지금처럼 의대가 엄청나게 가기 힘든 시절은 아니긴 했지만 주변 어른들의 권고대로 의과 대학을 가지 않고 생명 과학과로 진학하였지요. 하지만 대학에 자리 잡은 지금은 생명 과학과에서 암세포 생물학을 전공하고 있답니다. 혹시나 저처럼 질병에 관한 이야기가 읽기 싫더라도 꼭 끝까지 읽도록 하세요. 여러분이 앞으로 무엇을 전공하고 싶어질지는 여러 번 바뀔 수 있으니까요.

» 암에 걸리는 « 여러 가지 이유

암은 인류가 가장 두려워하는 병 중 하나지요. 최근에는 암을 일찍 발견해 암 진단을 받고도 건강하게 사는 환자들이 많아요. 고혈압이나 당뇨병 같은 다른 만성 질환처럼 어느 정도는 평생 다스려 가며 살아갈 수 있는 질환이 된 것이지요. 물론 암으로 죽는 사람들도 많지만 여러분 주변에도 암 수술을 받고 완쾌하여 건강하게 살아가는 분들도 계실 거예요.

암은 생활 습관, 암 유전자의 활성화, 혹은 암 억제 유전자의 불활성화 등 여러 가지 요인에 의해 발생한다고 알려져 있는데, 바이러스도 그중의 하나라고 해요. 앞에서 배운 인유두종 바이러스 외에도 여러 가지 바이러스가 암을 일으킨다고 알려져 있는데 간단히 알아볼까요?

》암을 일으키는《 각종 바이러스

간염을 일으키는 B형 간염 바이러스와 C형 간염 바이러스는 간암을 일으킬 수 있어요. 간염에 의한 염증이 간경변, 또는 간암으로 바뀔 수 있는 것이지요. B형 간염은 백신으로 예방 가능하고 어린이와 성인이 모두 접종받을 수 있어요. B형 간염 백신을 맞지 않았어도 약하게 감염되었던 이력이 있어서 항체를 가지고 있는 사람도 있어요. 여러분이 B형 간염 바이러스에 대한 항체가 있는지 알고 싶으면 병원에 가서 혈액 검사를 받도록 하세요. 항체가 없으면 백신을 맞는 것을 추천드려요. C형 간염 바이러스도 간암

★ **B형 간염 바이러스**는 급성과 만성 간염을 유발할 수 있다. 급성 간염은 급성으로 간염에 걸려 앓다가 회복 후 면역력이 생겨서 항체가 형성된다. 만성 간염은 바이러스가 간세포에 감염된 상태에서 지속적으로 증식하고 있는 상태로 있을 수도 있고, 비증식 상태로 있을 수도 있다.

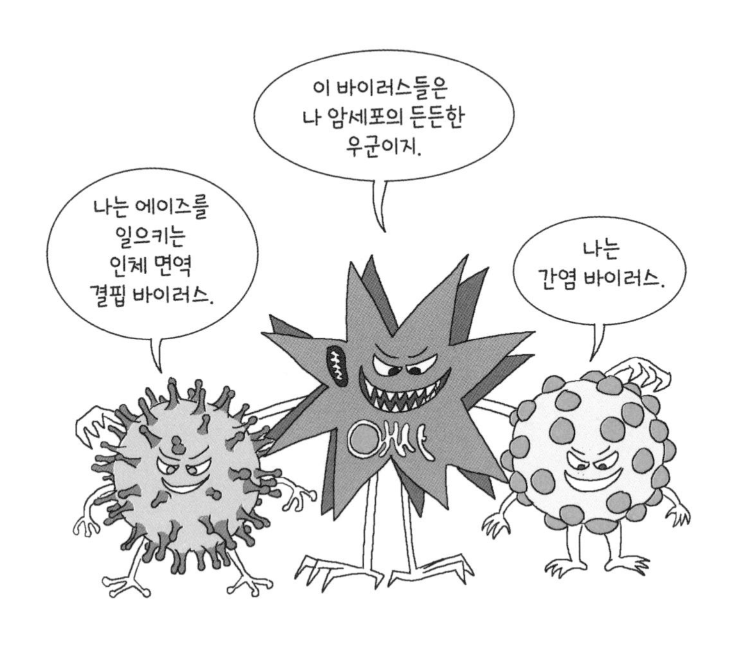

과 호지킨 림프종을 일으킬 수 있다고 해요. 안타깝게도 C형 간염 바이러스에 대한 백신은 아직 개발된 것이 없어요.

에이즈를 일으키는 인체 면역 결핍 바이러스(HIV)도 암을 일으킬 수 있어요. HIV는 인체의 면역 시스템을 망가뜨리기 때문에 간접적으로 카포시 육종, 호지킨 림프종 및 비 호지킨 림프종을 발병시킬 수 있어요. 이외에도 엡스타인바 바이러스도 림프종과 위암을 일으키는 원인 중 하나라고 알려져 있고, T세포 백혈병 바이러스도 혈액암을 유발시킬 수 있다고 해요.

이렇게 무시무시한 암을 일으키는 바이러스로부터 우리의 소중한 몸을 지키려면 어떻게 해야 할까요? 앞에서 말한 대로 백신으로 예방 가능한 바이러스 감염은 백신을 미리 접종하는 것이 좋아요. 암을 연구하는 많은 학자들이 암에 걸리는 가장 큰 이유가 '운이 없어서'라고 말하기도 해요. 이런 이야기를 하는 이유는 생활 습관을 고치고 암을 유발하는 바이러스에 대한 백신을 미리 맞아도 어쩔 수 없이 암에 걸리는 사람들이 있기 때문이에요. 인간이 노화하면서 생기는 암을 완벽하게 막을 수 있는 방법은 현재로는 없지만 가능하면 백신 접종 등을 통해 확률을 낮추는 것이 현명한 방법이겠지요?

18

독감 바이러스는 변신의 귀재라고?

독감 바이러스 예방 백신을 접종받아 본 적이 있나요? 매해 새로운 독감 바이러스가 유행하기 때문에 매년 새로운 예방 백신을 맞아야 한다는 사실을 아시나요? 간염 바이러스나 인유두종 바이러스의 백신은 변하지 않는다는데 왜 하필 독감 바이러스의 백신은 매년 바뀌는 것일까요?

여러분은 돌연변이라는 단어를 들어 보셨지요? 돌연변이는 인간을 비롯한 모든 생명체들이 진화하는 근본적인 이유예요. 돌연변이가 없으면 진화도 없다는 것이지요. 우리 인간이 유전 물질로 가지고 있는 DNA의 유전 암호는 A, T, G, C라는 4개 염기의 조합으로 이루어져 있고, 일부 바이러스가 유전 물질로 가지고 있는 RNA의 유전 암호는 A, U, G, C라는 4개 염기의 조합으로 만들어져 있어요. 지금도 우리 몸, 다른 생물의 몸, 그리고 바이러스에서 계속 일어나고 있는 돌연변이 때문에 이 유전 암호가 계속 바뀌게 되어요. DNA에서 A가 G로 바뀌고 RNA에서 C가 U로 바뀌는 것과 같은 유전 암호의 갑작스러운 변화를 바로 돌연변이라고 해요. 이런 돌연변이는 개체에게 해로운 경우가 대부분이지만 간혹 개체의 형질을 개량해서 좀 더 환경에 적응을 잘하는 새로운 종으로 진화시키는 원인이 되기도 해요.

》 RNA가 DNA보다 《
먼저 나타났어

과학자들의 연구 결과에 의하면 RNA가 DNA보다 지구상에 먼저 나타났고, DNA는 RNA의 단점을 개량한 유전 물질이라고 해요. 실제로 안정성 면에서도 RNA가 DNA에 비해 많이 떨어져요. 연구실에서도 RNA 샘플은 영하 70도 냉장고에 보관하고 DNA 샘플은 그냥 상온에 방치하기도 하지요. 온도를 낮추면 아무래도 분해 속도가 느려지기 때문에 안정성이 떨어지는 물질은 낮은 온도에 보관해야 하거든요. 제약 회사 화이자에서 만든 RNA로 이루어진 코로나바이러스 백신을 영하 70도에 보관하는 것도 같은 이유 때문이에요. 안정성뿐만 아니라 돌연변이가 일어날 확률도 RNA가 DNA에 비해 100배 이상 높아요. 왜냐하면 RNA를 이용하여 똑같은 RNA를 복제해 내는 효소가 DNA로부터 DNA를 복제해 내는 효소보다 훨씬 정확도가 떨어지기 때문이지요.

그런데 왜 몇몇 바이러스들은 안정성도 뛰어나고 돌연변이 확률도 낮은 DNA 대신 RNA를 자신의 유전 물질로 사용할까요? 어떤 바이러스들에게는 오히려 불안정해서 돌연변이가 더 잘 일어나는 RNA를 유전 물질로 사용하는 것이 더 유리해서 그런 것 아닐까요? 아마 그럴지도 몰라요. 결론을 먼저 말씀드리면 RNA를 유전 물질로 사용하는 독감 바이러스는 돌연변이를 이용해 끊임없이 자신의 유전자를 계속 바꾸는 것이 생존에 더 유리하다고 여긴 것 같아요.

이들 독감 바이러스의 표면에는 RNA 유전자의 지령대로 만들어지는 두 개의 단백질인 '적혈구 응집소(HA)'와 '뉴라민 분해 효소(NA)'가 있어요. 독감 바이러스가 우리 몸에 들어오게 되면 우리 몸의 항체가 이들 HA와 NA에 결합하여 독감 바이러스를 물리치게 되지요. 항체와 바이러스가 결합하면 바이러스를 잡아먹는 대식 세포 등이 몰려와서 바이러스를 삼켜서 분해해 버려요.

하지만 바이러스의 유전자가 돌연변이에 의해 계속 변화하면 어떻게 될까요? HA와 NA의 설계도가 계속 바뀌어 바이러스

표면에 변형된 HA와 NA가 만들어지겠지요? 우리 몸에 원래 있던 항체들은 이렇게 변형된 바이러스 표면의 HA와 NA는 인지하지 못하여 결합할 수가 없게 되어요. 결국 돌연변이에 의해 바뀐 HA와 NA를 가지고 있는 독감 바이러스는 항체로부터 공격을 받지 않아서, 자신과 똑같은 바이러스를 만들어 주변 세포를 계속 감염시켜 독감을 발병하게 할 수 있는 것이지요.

》 독감 바이러스 조합은 《 135가지

HA는 15종류가 있어서 각각 H1 ~ H15로 불리고, NA는 N1부터 N9까지 아홉 가지가 있어요. 이들은 15 × 9 = 135가지의 다양한 조합을 만들 수 있어요. 그렇기 때문에 세계 보건 기구(WHO)는 매년 어떤 종류의 HA와 NA의 조합을 가진 독감 바이러스가 유행할 것인지 예측하여 제약 회사로 하여금 그 조합의 바이러스를 예방할 수 있는 백신을 만들도록 해요. 지금까지 유행했던 독감 바이러스 중에서 1918년 스페인 독감을 일으킨 H1N1 바이러스, 1957년 아시아에서 유행했던 H2N2 바이러스, 1997년 홍콩 독감의 병원체인 H5N1 바이러스, 2009년의 H1N1 변종 바이러스 등이 잘 알려져 있어요. 15가지의 HA, 9가지의 NA를 만들도록 하는 독감 바이러스의 RNA 유전자에도 끊임없이 돌연변이가 일어나기 때문에 같은 H1N1 독감 바이러스라고 해도 바이러스 표면 단백질에 변화가 조금씩 계속 일어나서 우리 몸에 들어왔을 때 항체의 공격을 피할 수 있는 것이지요.

돌연변이가 잘 일어나지 않는 DNA를 유전 물질로 가지고 있는 간염 바이러스나 인유두종 바이러스에 비해, 돌연변이가 잘 일어나는 RNA를 유전 물질로 가지고 있는 독감 바이러스를 예방하기 위해서 매년 새로운 백신을 접종해야 하는 이유를 이제 알겠지요? 최근 단백질의 삼차원 구조를 인공지능 딥러닝을 이용하여 밝힌 연구가 발표되어 많은 관심을 끌고 있어요. 이러한 연구를 응용하면 향후 독감 바이러스의 돌연변이에 의해 변하는 HA와 NA의 구조를 미리 예측할 수도 있어서 좀 더 효과적인 독감 백신을 개발할 수 있을 거예요. 이렇게 되면 인류가 독감을 정복하는 날도 언젠가는 오겠죠?

19

사스, 메르스, 코로나19의 차이점은?

사스, 메르스, 코로나19 모두 다 비슷한 코로나바이러스라고 하는데 과연 이들은 어떻게 다른 것일까요? 이름도 비슷비슷해서 서로 헷갈리는데 과연 이들의 공통점은 무엇이고 차이점은 무엇일까요?

최근 사람들이 이야기하는 코로나바이러스는 대부분 코로나19바이러스를 지칭하는 것이지요. 하지만 실제로 코로나바이러스는 코로나19바이러스를 포함한 여러 바이러스를 통틀어서 일컫는 말이에요. 앞에서 공부하였듯이 이 코로나바이러스들은 모두 공통적으로 왕관 같은 모양의 뿔을 바깥 막 표면에 가지고 있어요. 그리고 DNA가 아닌 RNA를 유전 물질로 가지고 있지요. 유전 물질인 RNA의 크기는 약 3만 개 정도의 염기로 이루어져 있어요. 바이러스로서는 아주 작지도 크지도 않은 편이지요.

코로나바이러스는 알파, 베타, 감마, 델타의 네 속의 코로나바이러스로 분류가 가능한데, 그중 알파와 베타 코로나바이러스가 인간과 다른 동물을 동시에 감염시킬 수 있는 인수 공통 전염 바이러스이기 때문에 더 많은 연구가 이루어지고 있어요. 감마와 델타 코로나바이러스는 인간을 제외한 동물만 감염시키기 때문에 상대적으로 그다지 많은 연구가 이루어지지 못하고 있고요.

지금까지 총 7종의 코로나바이러스가 발견되었는데 그중 사스바이러스, 메르스바이러스, 코로나19바이러스를 제외한 다른 코로나바이러스는 감기를 포함한 아주 가벼운 감염증을 일으킬 뿐이라고 해요. 사스, 메르스, 코로나19바이러스 이 세 녀석들이 가장 큰 문제가 되는 것이지요.

코로나19바이러스의 영어 이름은 SARS-CoV-2이고 사스바이러스는 SARS-CoV-1, 메르스바이러스는 MERS-CoV예요. 영어 이름에서 알 수 있듯이 코로나19바이러스는 사스바이러스와 더 가까운 바이러스라는 것을 알 수 있겠지요? 실제로 유전 물질의 염기 서열을 분석해 보면 코로나19바이러스는 사스바이러스와 79.5퍼센트 서열이 같고 메르스바이러스와는 50퍼센트 정도만 같다고 해요. 유전 물질인 RNA의 크기도 코로나19바이러스와 사스바이러스는 각각 30,473염기, 29,926염기로 아주 비슷하지요.

》 숙주 포유동물이 《 조금씩 다르네

이들 코로나바이러스는 모두 여러 포유동물을 숙주로 옮겨 다니다가 인간을 감염시키게 되었어요. 사스바이러스는 박쥐에서 사향고양이를 거쳐서, 메르스바이러스는 박쥐에서 유래하여 낙타를 거쳐서 인간을 감염시키게 되었고요. 코로나19바이러스는 박쥐에서 천산갑을 통해서 인간에게 전파되었거나 혹은 천산갑에서 박쥐를 거쳐 인간에게 옮아왔다는 두 가지 설이 지배적이에요. 야생 동물을 무절제하게 식용으로 사용하는 행위나 적절한 검역 절차를 거치지 않은 야생 동물 사육이 인수 공통 전염원으로서의 코로나바이러스를 탄생시킨 것이지요.

사스바이러스, 메르스바이러스, 코로나19바이러스 모두 비슷한 모양의 뿔 단백질을 가지고 있지만 이 바이러스들의 뿔 단백질이 결합하는 포유동물 숙주 세포의 표면 단백질은 조금씩 서로 달라요. 이러한 코로나바이러스들의 뿔과 인간 세포 표면 단백질과의 결합을 막는 여러 물질들을 우리나라 바이오테크 회사를 포

함한 세계 굴지의 제약 회사에서 치료제로 개발하고 있지요.

이들 코로나바이러스들이 조금씩 다른 뿔 모양을 가지고 있고, 이들의 뿔이 결합하는 인간 세포 표면의 단백질도 조금씩 다르기 때문에 둘 사이의 결합을 막는 치료제도 서로 다를 수밖에 없어요. 그렇기 때문에 같은 코로나바이러스라고 하더라도 메르스바이러스를 대상으로 개발된 치료제를 코로나19바이러스에게 감염된 환자에게 사용하지 못해요. 새로운 코로나바이러스가 창궐할 때마다 새로운 백신과 새로운 치료제를 개발해야 하는 이유가 이것 때문이에요.

» 인간 세포를 « 감염시키는 방법

사스바이러스, 메르스바이러스, 코로나19바이러스 이들 세 종의 코로나바이러스는 인간 세포를 감염시키는 기전은 조금 차이가 있지만, 대부분 비슷한 방법으로 감염 초기에 인간의 면역 시스템을 피해서 파괴되지 않고 살아남아요. 바이러스 유전자에 의하여 만들어지는 바이러스 단백질 몇 종이 이러한 면역 회피 역할을 담당하는 것이지요. 그 이후 감염된 세포 안에서 코로나바이러스가 복제되어 많이 만들어지면 주변의 많은 세포들이 코로나바이러스에 다시 감염돼요. 코로나바이러스에 감염된 세포들은 면역 세포를 불러오는 물질인 사이토카인을 방출하지요. 그런데 평소보다 엄청나게 많은 사이토카인에 의하여 면역 세포들이 과하게 활성화되면 자신의 장기를 공격해서 장기의 손상이 일어나게 돼요. 이러한 현상을 '사이토카인 폭풍'이라고 불러요.

앞으로도 더 많은 변종 코로나바이러스가 출현하여 인류를 괴롭힐지도 모르기 때문에 이러한 코로나바이러스가 우리 몸에서 일으키는 여러 가지 병리 현상에 대한 연구가 더더욱 필요해요. 코로나바이러스와의 싸움에서 이기려면 코로나바이러스를 잘 아는 것도 중요하지만 우리 몸의 면역 반응에 대한 공부도 필요해요. 적과 나를 모두 잘 알아야 싸움에 이길 수 있다는 옛말이 코로나바이러스와의 싸움에도 적용되는 것이지요.

20

머리를 작아지게 하는 바이러스가 있다고?

임신부가 감염되면 태아의 머리가 작아지는 소두증을 일으키는 바이러스가 있다고 해요. 얼굴이 작아지는 것이 아니라 머리가 작아지는 것이에요. 정말 끔찍하지요. 도대체 이 바이러스는 왜 그런 몹쓸 병을 일으키는 것일까요? 태아 소두증을 유발하는 지카바이러스에 대해서 같이 알아볼까요?

태아에게서 소두증을 일으키는 것으로 알려져 사람들을 두려움에 떨게 만든 바이러스가 있어요. 바로 지카바이러스라는 녀석이에요. 이 바이러스는 아프리카 우간다의 지카 숲에서 처음 발견되어 지카바이러스라는 이름을 얻었어요. 지카바이러스는 뎅기열, 일본 뇌염, 황열병을 일으키는 바이러스와 같은 종류라고 해요. 주로 열대 지방의 모기에 의해 인간에게 전파되는 바이러스들이지요.

지카바이러스에 감염되면 지카열이라고 하는 뎅기열과 비슷한 증상이 나타나요. 하지만 그것보다 훨씬 더 큰 문제는 임신부가 감염되면 태아에게도 감염되어 태아의 머리를 작게 만드는 소두증을 일으킨다는 사실이에요. 소두증은 대뇌의 발생에 문제를 일으켜 뇌가 작게 만들어져 생기는 질환이에요. 태아의 발생 과정에서 대뇌가 올바른 크기로 만들어지지 못하면 대뇌를 둘러싸는 두개골도 대뇌의 크기에 따라 작게 만들어지지요. 소두증에 걸린 아이는 대뇌의 조직이 제대로 만들어지지 못해서 지능도 제대로 발달하지 못하고, 몸도 잘 가누지 못하는 등 여러 가지 합병증을 일으킬 수 있어요.

» 소두증이 « 생기는 이유

이러한 소두증이 일어나는 현상은 다음과 같이 설명할 수 있어요. 지카바이러스에 감염되면 지카바이러스의 단백질 중 하나인

NS4A가 만들어져요. 이 단백질은 태아의 대뇌 발생 과정에서 새로운 신경 세포가 만들어지는 경로를 억제한다고 해요. 그 결과로 충분한 개수의 신경 세포가 만들어지지 못해서 대뇌가 정상적인 크기로 자라지 못하는 것이지요. 성인의 대뇌에는 약 천억 개의 신경 세포가 있다고 하니 신경 세포의 개수가 얼마나 중요한지 알 수 있겠지요? 실험동물인 초파리의 모델에서도 지카바이러스 단백질인 NS4A와 NS4B는 초파리 눈의 발생을 억제한다고 해요. 눈도 대뇌와 직접 연결된 감각 신경이 있는 기관이거든요. 그래서 대뇌의 발생과 눈의 발생은 밀접한 연관 관계가 있지요.

지카바이러스 감염에 의한 태아의 소두증 발병이 문제가 되자 미국은 지카바이러스가 창궐한 나라인 콜롬비아, 에콰도르 등 열대 지방 나라로 임신부의 여행을 자제하도록 권고하였어요. 또한 지카바이러스가 발생한 나라의 정부는 기혼 여성들에게 지카바이러스에 대한 좀 더 자세한 연구 결과가 나올 때까지 임신을 하지 않도록 지시하였고요. 바이러스가 본인의 건강뿐 아니라 태아의 건강까지 영향을 미친다니 참 안타깝지요. 사실 지카바이러스 외에도 많은 바이러스가 임신부에게서 태아로 감염될 수 있다고 알려져 있어요. 에이즈 바이러스, 수두를 일으키는 바이러스 등도 태아에게 감염될 수 있다고 해요. 임신부는 열대 지방에서 모기에 물리지 않도록 아주 조심해야 해요.

》 이집트숲모기를 《 조심해!

지카바이러스는 코로나바이러스와 같이 RNA를 유전 물질로 가지고 있는 바이러스로, 정20면체 모양의 캡시드를 가지고 있어요. 지카바이러스는 바이러스 표면의 단백질을 이용하여 숙주 세포 표면에 결합한 후 숙주 세포 안으로 침투해요. 숙주 세포 안에서 바이러스가 복제되면 숙주 세포 안의 에너지 공장인 미토콘드리

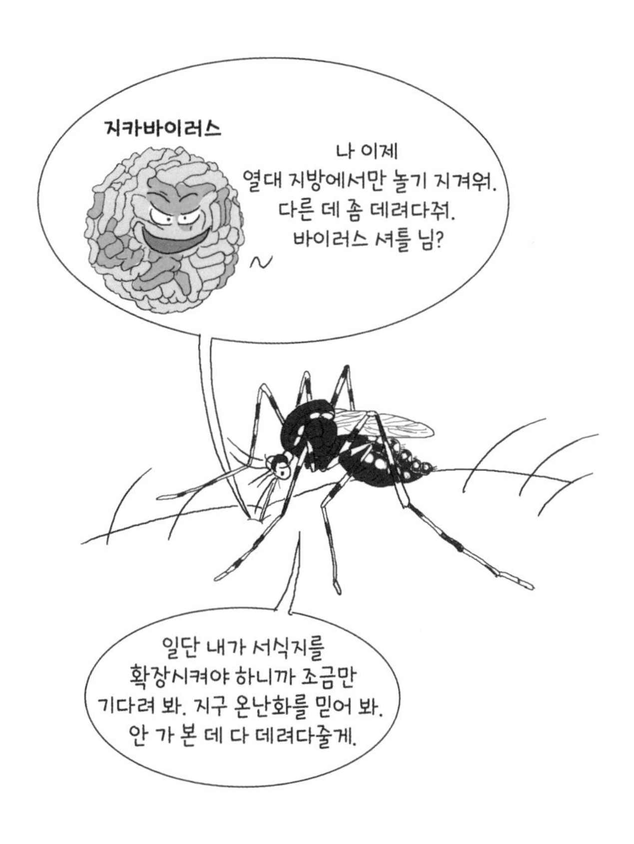

아가 점점 부풀어 오르다가 터져서 세포가 죽게 된다고 해요.

지카바이러스는 환자의 비말이나 공기를 통해서 전파되는 코로나바이러스와 달리 모기를 통해서 사람에게 감염되므로 원칙적으로는 모기에만 물리지 않으면 지카바이러스 감염을 막을 수 있어요. 물론 사람과 사람 사이의 체액 교환으로도 일어날 수 있다고는 하지만요. 지카바이러스를 매개하는 모기인 이집트숲모기는 지금까지는 주로 열대 지방에만 서식하는 것으로 알려졌는데 사람들의 해외여행이 활발해지면서 남극 대륙을 제외한 전 대륙으로 퍼지고 있다고 해요. 이 모기는 온대 지방의 겨울을 나지 못하는 것으로 알려졌지만, 최근 지구 온난화의 여파로 지카바이러스를 퍼뜨리는 모기가 온대 지방에서도 살아남아 번식할 수 있다고 알려졌어요. 이러다가는 언젠가 우리나라에서도 지카바이러스가 나타날지 모르니 방역과 해충 구제에 더욱더 신경을 써야 할 것 같아요.

21

간염을 일으키는 바이러스는 몇 종류일까?

간은 해독 작용을 하고 포도당을 글리코겐으로 전환해서 저장하며 혈청 단백질을 합성하는 등 아주 많은 일을 하는 장기예요. 이렇게 소중한 간이지만 많은 종류의 바이러스에 의해 간염이 생겨날 수 있어요. 간염은 간경변, 간암과 같은 더 심각한 질환으로 발전할 수 있기 때문에 예방이 무척 중요해요. 간염을 일으키는 여러 가지 바이러스에 대해 공부해 볼까요?

앞에서 간염 바이러스에 대해 간단하게 공부했지요? 간암으로 발전할 수 있는 간염에 대해 이야기하면서 B형 간염 바이러스와 C형 간염 바이러스만 이야기했는데, B형과 C형이 있으니 당연히 A형 간염 바이러스도 있겠지요? 그런데 놀라지 마세요. A형뿐 아니라 D형, E형 간염 바이러스도 있어요.

이들은 비슷한 바이러스가 아니고 전부 다른 종류에 속하는 바이러스랍니다. 바이러스를 바이러스가 가지고 있는 유전 물질로 분류할 수 있다고 앞에서 배웠지요? A형과 C형, 그리고 E형 간염 바이러스는 (+) 가닥 RNA를 유전 물질로 가지고 있고, D형 간염 바이러스는 (-) 가닥 RNA를 유전 물질로 가지고 있어요. B형 간염 바이러스는 유일하게 DNA를 유전 물질로 가지고 있는 바이러스예요.

가지고 있는 유전 물질만 다른 것이 아니라 이 간염 바이러스들은 진화 과정에 따라 분류한 다른 분류 기준으로도 서로 다른 분류군에 속하는 바이러스들이에요. 마치 연못 속에 사는 올챙이, 장구애비, 물방개, 붕어, 물벼룩 들은 서로 완전히 다른 생물이지만 같은 연못 속에 사는 생물군으로 부를 수 있듯이, 간세포를 숙주로 삼는 간염 바이러스는 간세포 안에서 활동을 한다는 것만 공통적일 뿐 실제로는 올챙이와 물벼룩처럼 분류학적으로 아주 관계가 먼 바이러스들이에요.

》 혈액이 간에 모이기 때문에 《 감염이 쉽게 일어나

그렇다면 왜 간에는 이렇게 많은 종류의 바이러스들이 침입할 수 있는 것일까요? 여러 가지 이유가 있겠지만 그중의 하나는 간의 기능과 관련이 있어요. 소화 기관에서 얻은 영양분을 가지고 있는 혈액은 심장으로 가서 동맥 혈류를 통해 온몸으로 전달되기 전에 간을 거치게 되어요. 이렇게 소화 기관에서 간으로 가는 혈관계를 간문맥계라고 해요. 영어로는 헤파틱 포털 시스템(hepatic portal system)이라고 하는데 여기서 포털이라는 뜻은 인터넷 포털 사이트라는 표현에 사용되는 그 포털과 같은 의미예요. 인터넷 포털 사이트에 다른 인터넷 사이트로의 연결 링크가 모여 있듯이 소화 기관을 비롯한 몸 여러 곳에서 모인 혈액은 심장으로 가기 전에 포털 사이트에 해당하는 간에 일단 모이게 되어요. 왜냐하면 섭취한 음식 등에 혹시 있을지 모르는 독성 물질을 간에서 해독해야 하기 때문이지요.

이렇게 온몸의 여러 기관을 통해 거쳐 온 혈액들이 간으로 일단 모이기 때문에 여러 가지 경로로 우리 몸으로 들어온 바이러스들이 감염을 많이 일으키게 되는 것이에요. 실제로 A형과 E형 간염 바이러스는 음식을 섭취하는 소화 기관을 통해서 감염이 되고, 나머지 B, C, D형 간염 바이러스는 혈액과 같은 체액을 통해서 전파되어요. 그러니까 B형이나 C형 간염 바이러스에 감염된 사람의 혈액이 자신의 혈액과 섞이는 것을 피해야 해요. 간염 환자와

같이 면도기나 손톱깎이, 칫솔 등을 같이 사용하면 위험한 이유가 바로 이것 때문이지요.

예전에는 한 냄비에 담긴 찌개를 같이 떠먹거나 술잔을 돌리는 등의 나쁜 습관으로 B형이나 C형 간염 바이러스가 옮겨진다고 알려졌는데, 사실 음식이나 재채기를 통한 비말 등으로는 전염되지 않는다고 해요. 하지만 코로나바이러스를 비롯한 다른 바이러스들은 기침할 때 나오는 비말, 음식 같이 먹기 등으로 전염될 수 있으니 한 그릇에서 같이 음식을 먹는 좋지 않은 습관은 빨리 버리는 것이 좋겠지요?

22

사람도 조류 독감에 감염될까?

구제역이라는 바이러스성 질환이 소와 돼지를 키우는 농가에 발병해서 불쌍한 가축들을 매장하는 너무 끔찍한 일들이 일어나고 있어요. 이들은 치료할 방법이 없나요? 꼭 저렇게 처리하지 않고 백신을 사용하여 미리 예방하는 방법은 없을까요? 그리고 돼지 독감, 조류 독감 등도 어떤 것인지 궁금해요.

구제역은 소나 돼지와 같이 발굽이 두 개로 갈라진 가축들에게 전염되는 바이러스성 전염병이에요. 구제역 바이러스에 감염된 가축은 열이 오르고 입속에 수포가 생겨 침을 계속 흘리게 되어요. 구제역은 자연적으로 치유가 되기도 하지만 가축 한 마리가 구제역에 걸려 치유를 기다리는 동안, 바이러스가 다른 가축에게까지 전염되어 더 큰 피해를 일으키기 때문에 구제역에 걸린 가축은 모두 살처분하는 방법밖에 없다고 해요. 구제역에 걸린 엄청나게 많은 돼지들을 살처분하는 장면은 너무나 끔찍해요. 구제역을 예방하는 방법은 없을까요?

사실 구제역 바이러스를 예방하는 백신은 이미 개발되어 있어요. 하지만 백신을 접종하더라도 바이러스의 배출량을 조금 줄이는 정도이고 완벽하게 전염을 차단하지는 못하기 때문에 잘 사용하지 않는다고 해요. 게다가 국제적으로 구제역 바이러스 백신을 사용한 국가는 구제역 청정국에서 제외되어 수출 등에 악영향을 미칠 수 있고, 구제역 백신 가격이 너무 비싸다는 이유도 있다고 해요. 이러한 경제적인 이유 때문에 구제역이 발생한 지역의 가축을 모두 살처분하는 것은 인도적인 면에서도, 농가의 살림을 생각해 보아도 너무 가혹한 일이지만 아직까지는 별다른 방법이 없는 것 같아요.

» 구제역 바이러스, « 사람은 괜찮을까?

구제역 바이러스는 사람과 짐승을 모두 감염시키는 인수 공통 전염병을 일으키는 바이러스는 아니기 때문에 사람의 감염을 걱정할 필요는 없어요. 그럼에도 불구하고 구제역 관련 처분을 하는 분들이 모두 불편하게 방호복을 입고 있는 이유는 무엇일까요? 그건 사람은 감염시키지 않더라도 몸에 구제역 바이러스가 묻어서 다른 지역의 가축에게 전파될 수 있기 때문이지요. 그렇기 때문에 구제역이 의심되는 가축의 고기를 사람이 먹어도 되지만 도축 및 유통 과정에서 구제역 바이러스가 다른 곳으로 옮아갈 수 있기 때문에 매장할 수밖에 없는 것이에요. 몇 달 전 저도 근교에 있는 목장에 일부러 찾아간 적이 있는데 구제역 바이러스의 감염을 막는다며 출입을 금지당했어요. 이제 앞으로는 사람과 사람들 사이의 거리두기뿐 아니라 사람과 동물 사이도 어느 정도 거리를 두어야 할지도 몰라요.

가축을 감염시키는 바이러스 중에서 돼지 독감을 일으키는 바이러스도 있지요. 이는 인간에게 감염되는 독감 바이러스와 유사한 표면 단백질 H1과 N1을 가지고 있는 H1N1 독감 바이러스예요. 이 바이러스는 돼지에게도 독감을 일으키고 사람도 감염시킬 수 있어요. 독감이 걸린 돼지는 독감이 걸린 사람과 마찬가지로 열이 오르고 콧물을 흘린다고 해요. 사람에게 감염되어도 같은 증상을 일으킨다고 하지요. 돼지고기를 익혀서 먹으면 돼지 독감

바이러스는 분해되어 없어지니 음식으로 전염되는 것은 크게 걱정하지 않아도 된다고 해요.

돼지 독감 이야기를 하였으니 닭과 오리가 감염되는 조류 독감에 대해서도 알아보고 가야겠지요? 조류 독감도 사람을 주로 감염시키는 독감 바이러스나 돼지 독감 바이러스와 마찬가지로 표면 단백질로 이름을 붙여요. H5N1 조류 독감 바이러스, H5N6 조류 독감 바이러스 등이 그동안 보고되었어요. 이 중에서 H5N6 조류 독감 바이러스는 고병원성 조류 독감을 일으킨다고 알려져 있어요. 고병원성이라는 것은 전염력이 상대적으로 높다는 것이지요. 흔히 조류 독감은 사람에게는 감염이 잘 되지 않는 것으로 알고 있었으나 H5N1, H5N6, H7N9 조류 독감 바이러스에 감염된 사람이 보고되었어요. 아직 드물지만 조류 독감이 사람에게 옮아갈 수 있는 증거가 조금씩 발견되고 있는 것이지요.

치킨 먹을 때 조심해야 하냐고요? 치킨은 180도 이상의 기름으로 튀기기 때문에 행여나 조류 독감에 걸린 닭이었다고 하더라도 바이러스는 고온에서 없어지니 걱정하지 마세요. 그리고 조류 독감이 걸린 닭의 고기가 우리 식탁에 올라오는 일이 없도록 관계 당국에서 방역 처리를 잘하고 있답니다.

그동안 관찰한 데이터로 보았을 때 저 나노봇을 계속 생산해 내는 외계 바이러스 말이야… 아무래도 외계의 고등 생물이 바이러스 과다 감염으로 바이러스와 융합되어 생겨난 듯해.

그러니 외계 바이러스 괴물과 직접 맞닥뜨려 싸우려면 우리 인류도 비슷한 변형 생명체를 만들어 내야 할 것 같아.

네? 소장님 그걸 누가 맡아서 하겠어요?

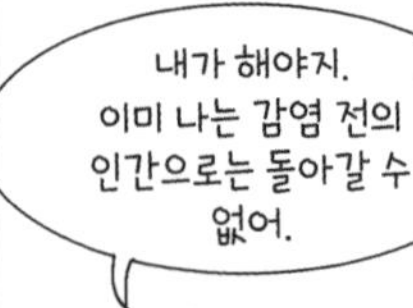

소장님!! ㅠㅠ

빨리 나를 바이러스 주입 형질 전환 변형 생물체로 만들어 주게!!

됐습니다. 박사님!
형질 전환이 끝났습니다.
.....
끝끝내…

이얍!!
소장님!
ㅠㅠ

슬퍼할 시간 없다.
지구를 구하러 가야 한다.
헬멧 안 쓰니 편하고
좋네.

크억!!
빡

간지럽군. 내 (+) RNA 공격을
받아라!!
핏

(+) RNA는 나의 (-) RNA로
처리해 주지!!
헉!!
상보적
결합이다!

RNA 이중 나선은 효소로 잘라 주지 크크.
으악!
나의
유전자

유전자 없는 놈쯤이야
한 방이면 끝나지.
꽥
지구에는 다시 평화가 찾아왔다.

5장

백신과 면역이 궁금해?

23

계란을 이용해 독감 백신을 만든다고?

매년 유행하게 될 독감 바이러스를 세계 보건 기구에서 예측하여 백신을 제조한다고 앞에서 배웠지요? 그렇다면 독감 바이러스 감염을 예방할 수 있는 백신은 과연 어떻게 만드는 것일까요? 계란을 이용하여 만든다는 말이 있던데 그건 또 무슨 이야기인가요?

독감 바이러스는 표면의 단백질인 HA와 NA의 다양한 조합에 의하여 여러 가지 형태로 발생할 수 있다는 것을 앞에서 말씀드렸어요. 그렇기 때문에 마치 일기 예보를 하듯이 세계 보건 기구에서는 향후 독감 시즌에 유행할 독감 바이러스를 미리 예측하여 그 바이러스를 무력화할 수 있는 백신을 제조하도록 하지요. 100개가 넘는 많은 나라의 국립 독감 센터에서 독감 바이러스 샘플을 다섯 군데의 세계 보건 기구 협력 기관으로 보내요. 미국의 애틀랜타에 있는 질병 관리 센터, 영국 런던의 프란시스 크릭 연구소, 호주 멜버른의 빅토리아 전염병 연구소, 일본 동경의 국립 전염병 연구소, 중국 베이징의 국립 바이러스 질병 예방 센터가 그 협력 기관이에요.

이들 협력 기관들로부터 바이러스 샘플 및 관련 환자 데이터를 받은 세계 보건 기구에서는 일 년에 두 번 유행할 독감 바이러스를 예측하여 백신 제작을 지시해요. 2월에는 북반구 나라들에 유행할 독감 바이러스를 예측하여 특정 종류의 독감 바이러스에 대한 백신 제작을 권고하고, 9월에는 남반구에 유행할 독감 바이러스에 대한 정보를 발표하지요. 각 나라는 세계 보건 기구의 권고안을 참고하고 각 나라 전문가들의 의견까지 종합해 어떠한 독감 바이러스 백신을 만들지 독자적으로 정하게 되어요.

» 계란을 이용한 백신은 « 고전적인 방법

아직도 많은 독감 바이러스 백신은 계란을 이용하여 만들어요. 유정란의 경우 세포 분열을 할 수 있기 때문에 바이러스를 배양하기 좋은 숙주 세포가 될 수 있거든요. 독감 바이러스를 수정란에 감염시키고 증식한 독감 바이러스를 채취하여 바이러스의 표면 단백질 부분만을 얻어서 백신으로 사용해요. 이 표면 단백질을 우리 몸 안에 주사하면 그 표면 단백질과 특이적으로 결합할 수 있는 항체가 우리 몸에서 생겨나거든요. 그 과정이 일어나면 우리 몸에는 그 표면 단백질을 가진 독감 바이러스에 대한 면역력이 생겼다고 얘기할 수 있는 거예요. 향후 같은 표면 단백질을 가진 독감 바이러스가 우리 몸에 들어오게 되면 미리 백신에 의해 만들어진 항체가 그 독감 바이러스에 결합하여 바이러스를 제거하게 되지요.

계란을 이용한 독감 바이러스 백신 생산은 70년 넘게 사용되어 온 아주 고전적인 방법이에요. 옛날에는 실험실에서 동물 세포를 배양하기가 쉽지 않았기 때문에 주변에서 가장 편하게 구할 수 있었던, 살아 있는 동물 세포인 수정된 계란을 사용한 것이지요. 하지만 최근에는 세포 배양법이 많이 발달해서 실험실에서 배양한 동물 세포를 이용하여 독감 바이러스 백신을 만들기도 해요. 이러한 배양 세포를 이용한 방법은 최근에 세포 배양에 필요한 비용이 많이 줄면서 경제적일뿐만 아니라, 무엇보다도 계란을 이용하는 방법에 비해 시간이 적게 들어 훨씬 빠르게 독감 바이러스 백신을 제조할 수 있다는 장점이 있어요.

》 배양 세포를 이용한 《 백신 제조법

배양한 동물 세포를 이용한 독감 바이러스 백신 제조법에 대해 간단히 설명해 볼까요? 독감 바이러스에서 백신을 만드는 데 필요한 부분은 표면 단백질인 HA예요. 백신을 만들기 위해 독감 바이러스의 유전자를 추출하여 표면 단백질인 HA를 만드는 정보를 가지고 있는 부분만 잘라 내요. 그 후 독감을 발병시키지 않는 다른 유사한 바이러스로부터 표면 단백질을 제외하고 바이러스의

증식에 필요한 다른 단백질을 만드는 유전자만 잘라 내요.

이렇게 독감 바이러스에서 얻은 표면 단백질 만드는 정보를 가진 유전자, 독감 발병을 시키지 않는 바이러스로부터 얻은 증식에 필요한 유전자를 섞어서 실험실에서 배양하는 세포 안에 넣어 줘요. 이렇게 되면 배양 세포 안에서 두 바이러스의 유전자가 섞인 새로운 바이러스가 만들어지게 되어요. 무해한 바이러스이지만 표면 단백질은 독감 바이러스 단백질을 가진 바이러스가 만들어지는 것이지요.

이렇게 만들어진 짬뽕 바이러스를 유전자 재조합 바이러스라고 해요. 서로 다른 바이러스 유전자가 합쳐져서 새로운 바이러스가 만들어진 것이지요. 이렇게 독감 바이러스의 표면 단백질을 가진 무해한 바이러스는 독감 바이러스에 대한 항체를 만들 수 있는 백신으로 사용되어요.

24

에이즈는 어떻게 치료할까?

1980년대 에이즈를 일으키는 병원체인 인간 면역 결핍증 바이러스(HIV)가 처음으로 발견되었어요. 당시에는 에이즈 바이러스에 감염되면 치료법이 없다고 해서 많은 환자들이 절망하였지요. 하지만 최근에는 좋은 치료 약이 개발되어 에이즈 바이러스에 감염된 환자들이 거의 정상적인 생활을 하고 있어요. 에이즈 바이러스는 어떻게 치료하는 것일까요?

1981년 에이즈(AIDS, 후천성 면역 결핍증)가 처음으로 알려졌을 당시에는 별다른 치료제가 없었어요. 에이즈 감염은 곧 사망이라는 등식이 성립하여 사람들이 무척 두려워했지요. 에이즈는 '20세기의 흑사병'이라고 불리기도 하였어요. 아, 흑사병이 뭐냐고요? 흑사병은 바이러스가 아니고 박테리아인 페스트균에 의해 생기는 질환으로, 14세기 유럽에서 1억 명 이상이 이 병으로 사망하였지요. 당시에는 치료법이 없어서 속수무책이었던 흑사병처럼 20세기 말 등장한 에이즈도 마땅한 치료 방법이 없었거든요.

얼마 전 음악 영화 〈보헤미안 랩소디〉로 다시 많은 사랑을 받은 영국의 록 그룹 퀸의 보컬리스트 프레디 머큐리, 개성 있는 그림체로 사랑받은 팝 아티스트 키스 헤링 등이 에이즈에 의해 사망한 대표적인 유명인들이지요. 영화에서는 프레디 머큐리가 에이즈 진단을 받는 장면이 나와요. 그 좌절하는 표정이 지금도 눈앞에 선하네요. 프레디 머큐리는 1991년 11월 23일 오랫동안 감추고 있던 에이즈 바이러스 감염 사실을 인정하는 성명을 발표한 후 다음 날 숨지게 되지요. 무척 안타까운 일이었어요. 하지만 유명인 중에서도 에이즈에 감염되었지만 아직도 생존해 있는 사람이 있어요. 바로 미국 NBA 농구 선수였던 매직 존슨인데요, 1991년 에이즈 감염 사실을 고백하고 은퇴를 선언하였지만 60살이 넘은 지금도 생존하고 있어요. 매직 존슨은 에이즈 바이러스 치료제를 꾸준히 복용하였고 좋은 약들이 계속 개발되어 지금까지 건강하게 살아 있는 것이지요.

에이즈 바이러스의 무서운 점은 에이즈 바이러스가 우리의 면역 세포를 감염시켜서 면역 기능이 저하된 우리 몸을 여러 감염성 질환에 무력하게 만드는 것이에요. 건강한 사람은 감기나 가벼운 감염증 같은 것쯤은 대수롭지 않게 이겨 낼 수 있지만, 면역 기능이 취약해진 에이즈 환자는 독감과 같은 증상으로 시작해서 온몸의 면역계가 악화되어 여러 병원체에 감염되어 사망에 이르게 되지요.

》 슈퍼 에이즈 바이러스로 《 다시 태어난다니…

그렇다면 에이즈 바이러스가 우리의 면역 세포를 감염시키기 전에 먼저 항체를 비롯한 면역계가 에이즈 바이러스를 공격해서 없앨 수 있지 않을까요? 맞아요. 사실 에이즈에 걸리면 초기에는 독감과 비슷한 증상이 나타나지만 몇 주가 지나면 우리 몸에서 에이즈 바이러스에 대한 항체가 생겨나요. 그러면 바이러스의 상당수가 면역계에 의해 제거되어 증상이 없어지는 잠복기가 몇 년 이상 지속되지요. 하지만 겉으로 증상이 나타나지 않는 이 기간 동안 살아남은 에이즈 바이러스는 돌연변이에 의해 표면 단백질을 계속 바꾸어서, 우리의 면역계에 영향을 받지 않는 슈퍼 에이즈 바이러스로 다시 태어나게 돼요. 에이즈 바이러스 역시 돌연변이가 잘 일어나는 RNA를 유전 물질로 가지고 있거든요. 이렇게 되면 우리 몸의 면역계가 새롭게 태어난 슈퍼 에이즈 바이러스에 대한 항체를 만들기 전에 면역 세포들이 에이즈 바이러스에 감염되어 죽으면서 우리의 면역 기능이 급속하게 저하되는 것이지요.

우리 몸에는 B세포, T세포, 수지상 세포 등 많은 면역 세포가 있어요. T세포는 여러 가지 종류가 있는데 그중에서 아마도 가장 중요한 역할을 하는 것은 '도움 T세포'예요. 사이토카인이라는 물질을 분비하여 다른 면역 세포가 활성화되도록 해 주는 것이지요.

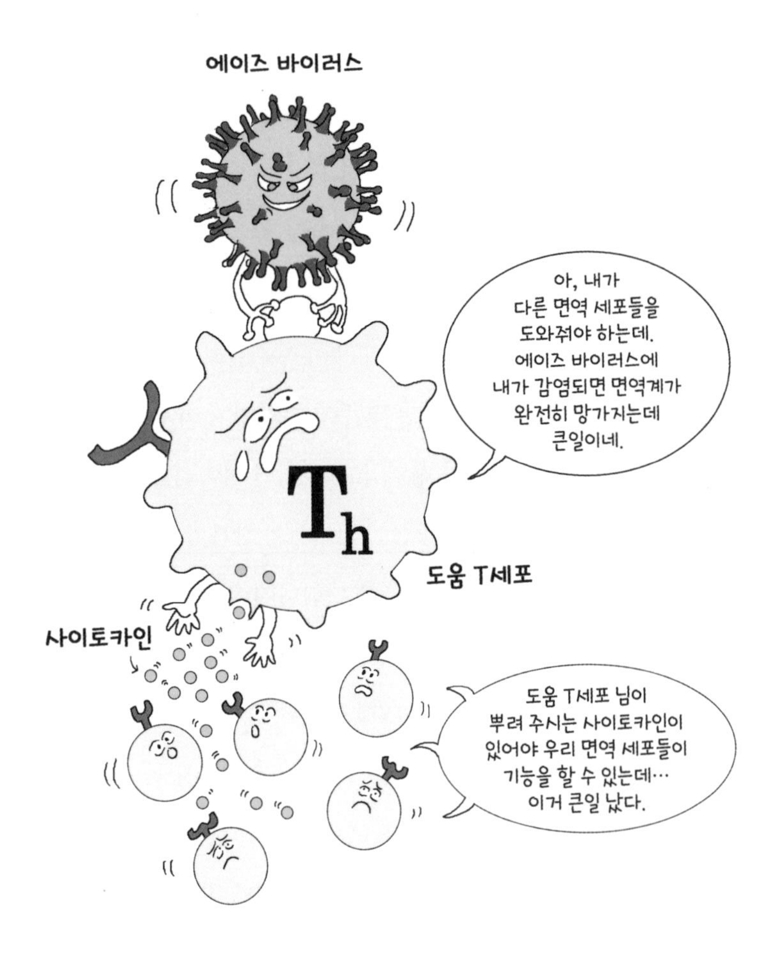

즉 도움 T세포가 없으면 대부분의 면역 세포가 일을 하지 못해요. 그런데 불행하게도 에이즈 바이러스는 바로 이 도움 T세포를 감염시켜 죽이기 때문에 우리의 면역계를 통째로 파괴시켜 버리는 끔찍한 일을 일으켜요.

》 역전사 효소의 《 활성을 억제

그렇다면 에이즈 치료제는 어떻게 작용하는 것일까요? 앞에서 에이즈 바이러스도 RNA를 유전 물질로 가지고 있다고 말씀드렸지요? RNA를 유전 물질로 가진 바이러스들은 우리 세포 안으로 들어오면 '역전사 효소'라는 것을 사용하여 RNA와 상보적으로 결합할 수 있는 DNA를 만들어서 우리 유전자 사이에 끼워 넣게 되어요.

원래 우리 세포에서는 DNA의 유전 정보로부터 mRNA가 만들어지는 '전사 과정'이 일반적으로 수행되는데 이 과정을 촉매하는 효소를 전사 효소라고 해요. 그런데 RNA를 유전 물질로 가지고 있는 어떤 바이러스의 경우 이 반대 과정이 필요해요. 바이러스의 RNA로부터 DNA를 만드는 역전사 과정이 있어야 하는 것이지요. 이 역전사 과정을 촉매하는 효소를 역전사 효소라고 해요. 에이즈 바이러스의 치료제는 바로 이 역전사 효소의 활성을 억제하는 약물이지요. 바이러스의 RNA로부터 DNA가 만들어지지 못하도록 하기 때문에 바이러스가 도움 T세포 안에서 증식하지 못해요.

AZT라는 역전사 효소 저해제가 에이즈 치료제로 처음 개발되었지만 얼마 후 이 치료제에 내성을 가진 바이러스가 등장하여 또 문제가 되었어요. 지금은 바이러스의 유전자가 도움 T세포의 DNA 안으로 끼어 들어가는 과정을 억제하는 약물도 같이 사용해요. 약간의 부작용만 극복하면 에이즈는 다른 만성 질환처럼 잘 다스려 가면서 살아갈 수 있는 질환이 된 것 같아요. 하지만 에이즈 바이러스는 끊임없이 돌연변이로 변화하는 RNA 바이러스의 못된 성질을 가지고 있기 때문에 과학자들이 계속 연구를 게을리하지 말아야겠지요?

25

사스는 왜 갑자기 사라졌을까?

2002년 11월에 나타나 8,000명가량을 감염시키고 그중 774명을 사망시킨 무서운 사스바이러스를 알지요? 연구자들은 사스바이러스가 향후 엄청나게 창궐하여 전 세계의 많은 사람들을 감염시키는 펜데믹 감염성 질환이 될 것으로 예상하여 대대적인 대비를 하였어요. 하지만 신기하게도 2003년 여름이 되자 감염자들이 줄어들더니 2004년에 더 이상 감염자가 나타나지 않았어요. 사스바이러스는 진짜로 없어진 것일까요?

자, 그러면 2002년에 나타난 사스바이러스에 대한 기억을 더듬어 볼까요? 저는 당시 미국에서 연구실에 다니고 있었는데 아침에 출근하였더니 연구원들이 모두 뉴스에서 들은 '이상한 호흡기 전염병'에 관해 걱정스러운 얼굴로 이야기를 나누던 것이 기억나요. 당시에 굉장히 큰 뉴스로 다루었고 각종 방송에서 예전에 유행한 스페인 독감처럼 전 세계를 위험에 빠뜨릴 질병이 될 수도 있다고 하였지요. 초반 사스의 확산 속도는 무서웠어요. 당장이라도 발생한 국가를 넘어 전 세계로 퍼질 기세였지요. 저희 생명 과학자들이 최신 논문을 찾아보기 위해 검색하는 포털 사이트인 '펍메드'에는 사스바이러스에 관한 연구가 넘쳐 났어요.

하지만 2004년이 되자 어느새 방송에서는 더 이상 사스바이러스에 대한 소식을 들을 수 없었고 사스바이러스에 대한 논문 발표도 눈에 띄게 줄어들었어요. 사스바이러스는 갑자기 출현했던 것처럼 어느 순간 갑자기 사라진 것이지요. 물론 그 이후에도 사스바이러스 감염 사례가 몇 차례 있었지만 대부분 연구실에 보관한 샘플의 잘못된 관리를 통해 감염된 사례였어요.

사스바이러스는 감염자의 증상이 명백해

사스바이러스는 어떻게 이렇게 갑자기 사라졌을까요? 정말로 사스바이러스가 종적을 감춘 것일까요? 이론적으로 사스바이러스나 코로나19바이러스와 같은 코로나바이러스 계열은 숙주 세포

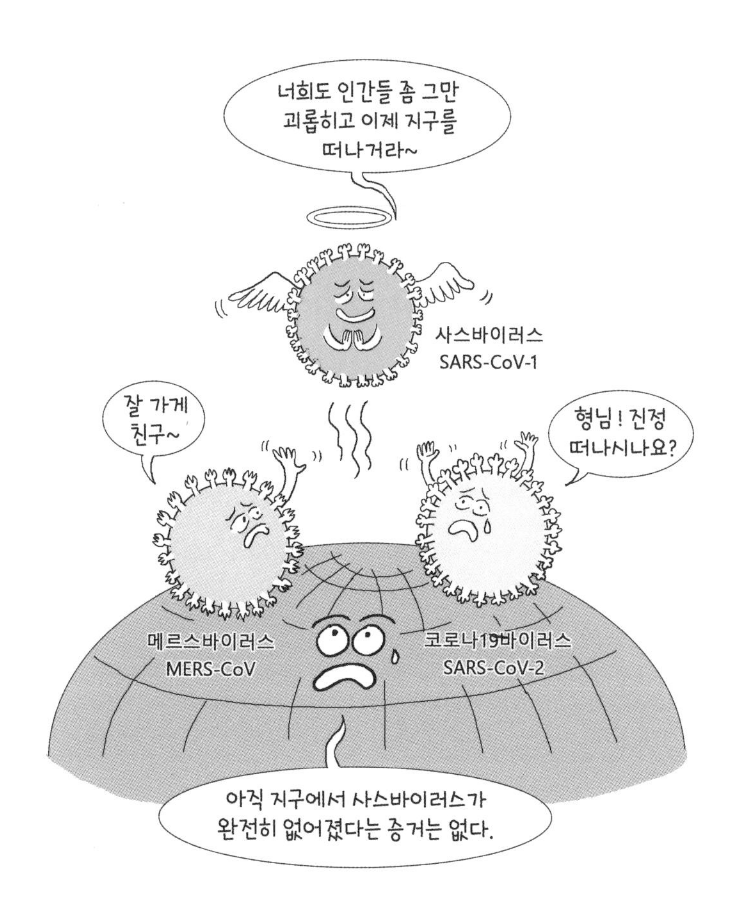

바깥에 노출되어 일정 시간이 지나면 분해되어 없어져요. 코로나바이러스의 유전 물질인 RNA를 보호하는 지질로 이루어진 겉껍질이 녹아 버리면 밖으로 노출된 RNA는 금방 분해되지요. RNA가 무척 불안정하다는 사실은 앞에서 말씀드렸지요? 그렇기 때문에 실제로 실험실 샘플이 아닌 사스바이러스가 자연계에는 정말 한 개도 존재하지 않을 가능성도 있기는 해요. 바이러스는 숙주세포를 감염시켜서 자기와 똑같은 바이러스를 계속 만들며 증식하지 않으면 언젠가는 분해되어 없어지는 것이 자연스러운 현상이에요. 물론 사스바이러스가 지금 자연계에 한 개도 존재하지 않는다고 단정 지어 말하기는 어렵지만요.

사스바이러스가 이렇게 빨리 없어진 이유는 감염자들의 증상이 아주 명백하게 나타났기 때문이에요. 감염자와 비감염자를 쉽게 구분할 수 있기 때문에 감염자들의 물리적 격리가 쉬웠지요. 코로나19바이러스처럼 무증상 감염자, 경증 감염자가 많으면 관리하기가 어려워요. 자신이 감염된 줄 모르고 있는 무증상 감염자가 비말로, 체액이 묻은 손으로 바이러스를 여기저기 퍼뜨리고 다닐 수 있기 때문이지요.

참 역설적이지요? 증상이 심하고, 치사율이 높은 질환을 유발하는 바이러스가 오히려 빨리 자연적으로 없어질 수 있다니까요. 거꾸로 생각해 보면 치사율은 사스, 메르스보다 한참 낮고 무증상, 경미한 증상의 환자도 많이 발생시키는 코로나19바이러스가 우리 인류에게는 더 무서운 재앙이 될 수도 있어요. 없애려고 노력해도 우리 곁에 계속 살아남아 기저 질환자, 노약자들의 생명을 앗아갈 수 있기 때문이지요.

26

코로나19 백신의 원리는?

코로나19바이러스의 백신은 바이러스의 뿔 단백질을 직접 이용한 백신, 뿔 단백질을 합성하는 정보를 가진 mRNA를 이용한 백신 등 여러 가지가 개발되었어요. 이러한 코로나19바이러스 백신의 원리와 장단점에 대해서 간단히 알아볼까요?

코로나19바이러스에 대한 백신은 정말 빠르게 개발되었고 승인을 거쳐 백신의 접종이 시작되었어요. 이렇게 엄청나게 빠른 백신의 개발은 아마 유사 이래 처음일 거예요. 전 세계 국가들이 한마음으로 단결하여 인류 대 코로나19바이러스의 싸움에서 인류 측 반격을 드디어 시작한 것이지요.

코로나바이러스라는 지극히 학술적인 이름이 너무 일반적으로 쓰이고 있는 현실이 조금 생경하게 느껴진다고 앞에서 말씀드렸지요? 코로나바이러스라는 이름뿐 아니라 아스트라제네카, 화이자 같은 제약 회사의 이름도 지금은 사람들에게 너무나 익숙하게 되었어요. 이제는 대학 시절 생명 과학과 전혀 관계없는 전공을 하였던 제 친구들도 저한테 물어보고는 해요. "아스트라제네카의 백신이 화이자나 모더나 백신과는 어떻게 다른 거니? mRNA 백신은 도대체 뭐야?" 그 친구들의 입에서 mRNA, 백신 이런 이야기가 나오니 무척 어색하더라고요. 아무튼 제 친구들에게 이야기하듯이 찬찬히 설명드릴게요.

》 백신을 만드는 《 두 가지 방법

우선 아스트라제네카의 코로나19바이러스 백신에 대해 설명드릴게요. 아스트라제네카의 백신은 앞에서 우리가 공부했던 독감 바이러스 백신을 만드는 방법과 유사해요. 백신을 만들려면 침팬지에게 감기를 일으키는 바이러스가 필요해요. 우선 이 침팬지 바이러스의 유전자에 조작을 가해서 인간 세포에서는 복제되지 않도록 해요. 그 후 코로나19바이러스의 뿔을 만드는 유전자를 침팬지 감기 바이러스 안에 넣어요. 이렇게 해서 코로나19바이러스의 뿔을 가진 침팬지 감기 바이러스를 만들지요. 이 유전자 재조합 바이러스를 백신으로 사용하면 백신을 접종받은 사람에게 코로나19바이러스의 뿔과 결합할 수 있는 항체가 생겨나요. 향후 코로나19바이러스에 감염되더라도 미리 만들어진 항체 덕분에 병에 걸리지 않게 되는 것이지요.

그렇다면 화이자나 모더나의 mRNA 백신은 어떤 원리로 작동하는 것일까요? 아스트라제네카의 유전자 재조합 바이러스가 코로나19바이러스의 뿔 단백질을 다른 바이러스의 몸을 빌려 직접 인간 세포 내로 주입하는 것이라면, mRNA 백신은 뿔 단백질을 만드는 유전 암호 지령이 담긴 mRNA를 백신으로 사용하는 것이에요.

뿔 단백질의 유전 암호를 가지고 있는 mRNA가 인간 세포 안으로 들어가면, 세포 안의 여러 효소를 이용하여 코로나19바이러스의 뿔 단백질을 만들어요. 이 단백질은 우리 인간 세포가 처음 만나는 외부 단백질이기 때문에 이 단백질에 대한 항체가 역시 우리 몸 안에서 만들어지게 되지요. 그 이후 코로나19바이러스에 대한 면역 획득 과정은 재조합 바이러스를 이용한 아스트라제네카 백신과 동일해요.

》 RNA를 지배하는 자가 《
생명 과학을 지배한다

재조합 바이러스를 이용한 백신과 mRNA 백신은 각각 장단점이 있어요. 재조합 바이러스 백신은 코로나19바이러스 뿔 단백질을 가진 재조합 바이러스가 인간 세포 안에서 증식하지 못하므로, 접종 때 넣어 준 재조합 바이러스가 우리 몸 안에서 분해되어 버리면 더 이상 항체를 만들도록 할 수 없다는 단점이 있어요. 또한 불필요한 침팬지 감기 바이러스가 우리 몸에 따라 들어오기 때문에 혹시나 모를 부작용이 사람에 따라 나타날 가능성도 완벽하게 배제하지는 못하지요. 하지만 이러한 재조합 바이러스 백신은 기존에 다른 바이러스에 대한 백신으로 많이 사용되었기 때문에 제조 공정이 미리 확보되어 있어서 생산 단가가 저렴하다는 장점이 있고 안전성도 많이 보장되어 있는 편이에요.

mRNA를 이용한 백신은 어떨까요? 사실 화이자와 모더나의 mRNA 백신은 그동안 이론적으로만 가능하다고 여겨지다가 실제로 임상에 적용된 것은 이번 코로나19바이러스 백신이 처음이에요. 두 회사의 임상 데이터를 인터넷에서 본 분들은 알겠지만 처음 개발된 mRNA 백신치고는 효과가 좋았지요. 하지만 이 mRNA 백신은 만드는 데 단가가 많이 들고 무엇보다도 또 하나의 난제가 있어요. 바로 mRNA를 세포 안으로 직접 넣으면 들어가지 않기 때문에 지질 나노 입자에 싸서 넣어야 한다는 것이에요. 지질 나노 입자는 우리 세포막과 유사한 성분의 작은 방울로,

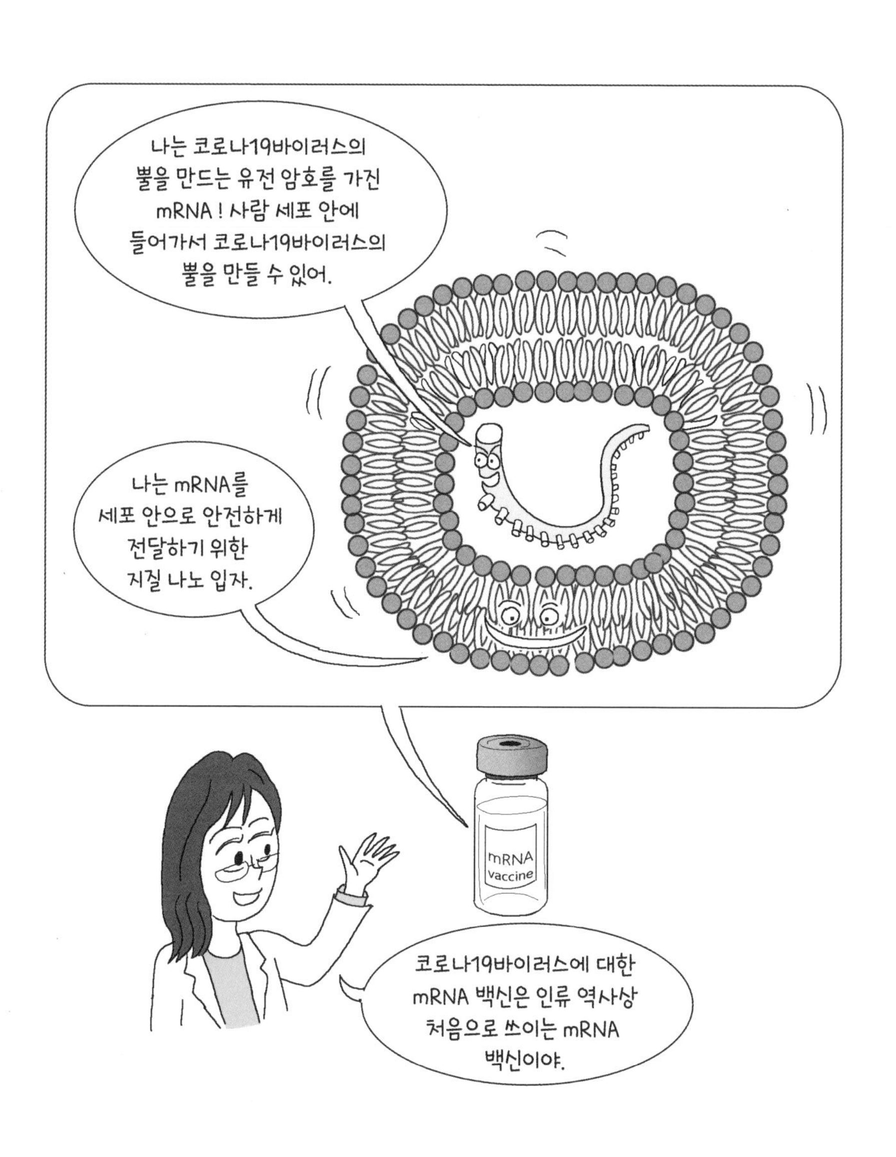

그 내부에 mRNA를 넣어 인체에 접종하면 지질 나노 입자가 우리 세포막과 융합하면서 내부의 mRNA를 세포 안으로 전달해요. 이 지질 나노 입자의 조성 성분이 아주 중요한 노하우인 것이지요.

mRNA 백신은 우리 세포 안에 오래 머물면서 코로나19바이러스 뿔 단백질과 같은 우리가 원하는 단백질을 세포 안에서 만들어 내도록 하는 아주 좋은 시스템이에요. 화이자와 모더나의 mRNA 백신이 성공한 덕분에 앞으로 코로나19바이러스 백신 외에도 많은 백신이 이렇게 mRNA 백신의 형태로 개발될 수 있을 것 같아요. 제가 몇 년 전 강의실에서 만화 〈슬램덩크〉의 한 구절을 패러디해서 했던 말이 기억나요. "RNA를 지배하는 자가 생명과학을 지배할 것이다." 무한한 가능성이 열려 있는 RNA 연구자의 꿈을 키워 보는 것은 어떨까요?

27

변종 코로나19가 더 위험하다고?

변종 코로나19바이러스가 나타났다는 기사를 보셨나요? 변종은 도대체 왜 만들어지는 것이고 이 변종 바이러스들이 왜 위험하다고 하는 것일까요? 이렇게 변종 코로나19바이러스가 계속 생겨나면 백신이나 치료제를 개발해도 효과가 없게 되는 것 아닌가요?

코로나19바이러스는 RNA를 유전 물질로 가지고 있는 바이러스라고 했던 것 기억하지요? RNA의 돌연변이율이 DNA보다 훨씬 높다고 했던 것도 물론 기억나지요? 바이러스 중에서도 이 RNA 바이러스는 정말 나쁜 녀석들인 것 같아요. 우리가 백신이든 치료제든 개발을 어렵게 마치면 돌연변이를 통해 약간 다른 바이러스로 변신하여 백신과 치료제를 요리조리 피해 버리니까요.

지금까지 보고된 코로나19바이러스의 돌연변이는 여러 가지가 있는데요, 그중에서도 가장 유명한 돌연변이는 D614G 돌연변이예요. 그럼 이 D614G 돌연변이가 무엇인지 지금부터 자세하게 설명드릴게요. 조금 어렵더라도 잘 따라와 보세요. 앞에서 돌연변이는 유전 물질인 DNA나 RNA에 일어난다고 말씀드렸지요? 코로나19바이러스의 유전 물질인 RNA에도 끊임없이 돌연변이가 일어나서 RNA를 구성하는 염기 A, U, G, C가 다른 염기로 바뀔 수 있어요. 유전자가 가지고 있는 유전 암호는 단백질을 만드는 데 쓰이는데, 단백질은 아미노산이 쭉 연결되어 마치 구슬이 연결되어 목걸이가 만들어지듯이 합성되지요.

》 코돈은 유전 암호의 기본 단위 《

mRNA의 염기 서열 안에는 단백질을 만드는 정보가 '코돈'이라는 암호로 숨어 있어요. GAU라는 염기 세 개로 이루어진 서열은 아스파르트산이라는 아미노산을 불러오는 코돈이고요, GGU라는 서열은 글라이신이라는 아미노산에 해당하는 코돈이에요. RNA를 구성하는 염기가 A, U, G, C 모두 4가지이기 때문에 3개의 염기로 이루어진 코돈은 4의 세제곱, 즉 64개의 서로 다른 코돈이 있을 수 있어요. 이 64개의 코돈은 각각 하나의 아미노산을 불러오는 신호로 쓰이게 되어요. AUG, UUU, GAU, GGU는 각각 메치오닌, 페닐알라닌, 아스파르트산, 글라이신이라는 아미노산에 해당하는 코돈이기 때문에 AUGUUUGAUGGU의 염기 서열을 가진 RNA는 메치오닌-페닐알라닌-아스파르트산-글라이신이 연결된 단백질의 일부를 만들 수 있는 것이지요. 제가 단백질이라고 하지 않고 '단백질의 일부'라고 한 이유는 네 개의 아미노산이 연결된 것은 단백질이라고 부르기에는 너무 짧기 때문이에요. 아무튼 이와 같은 방법으로 RNA는 아미노산을 불러와서 연결시켜 단백질을 만드는 유전 암호를 가지고 있지요.

》 돌연변이가 일어난 변종이 더 무서워 《

그런데 돌연변이가 일어나서 이 RNA의 염기 서열에 변화가 일어나면 어떻게 될까요? 앞에서 말씀드린 대로 RNA의 코돈은 모두 64종이지만 아미노산은 20종류밖에 없어서 아미노산 하나를 불러오는 코돈은 1개 이상이 있어요. GAU와 GAC는 모두 아스파르트산을 불러오는 코돈이지요. 바이러스의 RNA에 돌연변이가 일어나서 GAU가 GAC로 바뀌더라도 바이러스의 단백질에는 변화가 일어나지 않아요. GAU나 GAC 모두 아스파르트산을 지칭하는 코돈이기 때문이지요. 하지만 돌연변이가 일어나서 GAU가 GGU로 바뀌면 어떻게 될까요? 아스파르트산에 해당하는 코돈 GAU의 두 번째 염기가 A에서 G로 바뀐 경우에는 코돈 GGU에 해당하는 아미노산인 글라이신이 아스파르트산 대신 단백질에 들어가게 되어요. 같은 아미노산이라도 글라이신과 아스파르트

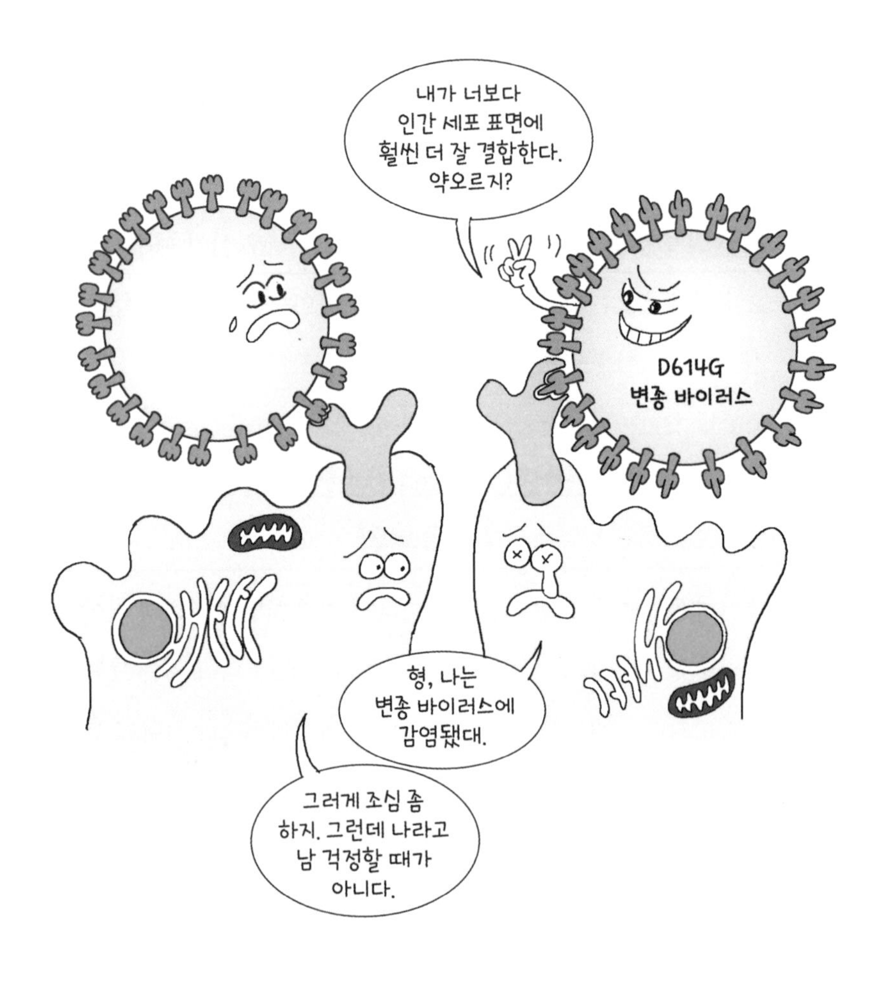

산은 서로 화학적인 성질이 다르기 때문에 단백질의 성질에 변화를 줄 수 있는 것이지요.

코로나19바이러스의 뿔을 만드는 단백질에 일어난 돌연변이인 D614G는 바로 이 단백질의 614번째 아미노산이 아스파르트산 (D)에서 글라이신 (G)로 바뀐 돌연변이예요. 이 돌연변이는 코로나19바이러스 뿔 단백질의 성질을 변하게 할 수 있어서 많은 사람들이 걱정을 하고 있어요. 실제로 발표된 논문에 의하면 D614G 돌연변이를 가진 변종 코로나19바이러스는 인간 세포 표면의 수용체 단백질에 결합을 더 잘한다는 결과도 보고되었어요. 세포에 결합을 더 잘하면 그만큼 더 감염을 잘 일으킨다는 것을 뜻하니 원종 코로나19바이러스보다 변종 코로나19바이러스가 더 무서운 바이러스가 될 수도 있는 것이지요.

다행히 최근의 몇몇 논문에 의하면 D614G 돌연변이를 가진 변종 코로나19바이러스도 지금까지 개발된 백신에 의해 제거될 수 있다고 해요. 하지만 앞으로 우리 인간이 개발한 백신이나 치료제에 내성을 가진 또 다른 변종 코로나19바이러스가 언제 등장할지 모르니 모두 긴장의 끈을 놓지 말아야 하겠지요?

28

점막 면역으로 주사를 대신한다고?

우리는 지금도 끊임없이 수많은 바이러스의 공격을 받고 있지만 대부분의 바이러스는 우리 면역계가 잘 작동하여 물리쳐요. 만약 우리의 면역계가 제대로 일하지 않고 있다면 우리는 계속 바이러스의 감염에 의한 질병인 대상 포진, 헤르페스 바이러스 감염증에 걸려 입가에 생기는 물집 등을 달고 살았을 거예요. 그럼 우리 몸의 면역계 중에서도 가장 최전선에서 바이러스의 공격을 막아 내는 점막 면역에 대해 알아볼까요?

지금도 공중에 떠다니는 수많은 바이러스가 우리 몸 위로 계속 쏟아진다고 했었지요? 아무리 청소를 자주 하고 환기를 해도 우리 몸에 계속 침입하는 바이러스를 완전히 제거할 수는 없어요. 그러면 어떻게 해야 하냐고요? 한 시간에 한 번씩 목욕을 하면서 우리 몸에 새로 달라붙는 바이러스를 제거해야 할까요? 입이나 코를 통해 들어오는 바이러스는 어떻게 막지요? 집에서도 하루 종일 마스크를 끼고 지낸다 해도 밥 먹을 때는 어떻게 하나요? 밥과 반찬을 믹서에 넣고 갈아서 컵에 담아 빨대로 마스크에 뚫린 작은 구멍을 통해서 섭취해야 할까요? 생각만 해도 끔찍하지요?

우리 몸에는 어느 정도로 바이러스가 침입하더라도 막아 낼 수 있는 면역계가 존재해요. 면역 세포들이 바이러스와 맞서 싸우는 것이지요. 우리 몸 안으로 이물질이 들어오면 항체가 생성된다는 것을 이제 알고 있지요? 이 항체는 단백질 가닥 네 개로 이루어진 둥그런 모양의 단백질 덩어리예요. 흔히들 항체를 Y자 모양으로 그리는데, 그 이유는 단백질 가닥 네 개가 Y자의 형태로 연결되어 있기 때문이에요. 하지만 멀리서 보면 Y자 모양이라기보다는 구형에 가까워요. 영어로 구형 단백질을 글로불린(globulin)이라고 불러요. 구형을 영어로 글로브라고 하기 때문이죠. 그렇기 때문에 항체를 면역 글로불린이라고도 불러요. 면역 글로불린은 여러 가지 종류가 있는데 가장 잘 알려진 것은 면역 글로불린 G(IgG)예요. 이 면역 글로불린 G에 대해서는 뒤에 B세포에 관한 부분에서 좀 더 자세하게 설명드릴게요.

》 면역 글로불린 A는 《
최전선에서 싸우는 항체

또 다른 면역 글로불린은 알레르기 반응에 관여하는 면역 글로불린 E, 면역 글로불린 A 등이 있어요. 먼저 면역 글로불린 A의 기능에 대해서 알아볼까요? 면역 글로불린 A는 바이러스가 우리 몸 안에 들어오기 전에 제거하는 역할을 담당하는, 가장 바깥쪽 최전선에서 활약하는 항체예요. 면역 글로불린 A는 점막 면역에 중요한 역할을 해요. 우리 몸에서 분비되는 액체인 침, 땀, 눈물 등에 면역 글로불린 A가 있고, 점막으로 둘러싸인 호흡계와 소화계의 상피 조직에서도 면역 글로불린 A가 분비돼요. 우리가 호흡하는 기도나 음식이 지나가는 소화관으로 분비되는 점액에 면역 글로불린 A가 존재하는 것이지요. 점막까지 항체가 나와 있다는 사실을 모르고 계셨지요? 참, 또 하나 재미있는 사실은 이 면역 글로불린 A는 두 개의 항체가 서로 연결된 모양을 하고 있어요. 제가 그린 그림을 참고해 보도록 하세요.

이렇게 분비되는 면역 글로불린 A는 바이러스의 표면 단백질과 결합하여 바이러스가 우리 몸의 세포에 결합하지 못하도록 하는 역할을 해요. 그야말로 최전선에서 바이러스와 싸우는 것이지요. 독감 바이러스나 코로나19바이러스와 같이 호흡기 질환을 일으키는 바이러스를 막는 데에는 면역 글로불린 A가 담당하는 점막 면역이 그만큼 중요해요.

》 주사 맞는 게 싫다면 《 점막 백신

많은 연구자들이 점막 면역에 관심을 많이 가지고 있는 이유가 또 있어요. 점막을 통해 외부에서 바이러스를 비롯한 면역 반응을 일으키는 물질(항원이라고 해요)이 몸 안으로 들어올 수 있거든요. 항원이 우리 몸 안으로 들어오면 그 항원을 물리칠 항체가 몸 안에서 만들어지게 되지요. 우리가 외부에서 침입하는 바이러스를 막기 위해 백신을 맞는 이유도 항체를 만들기 위해서이지요.

그런데 여러분은 주사 맞는 거 좋아하세요? 저는 지금도 주사 맞는 것이 너무 무서워요. 사실 겁쟁이 같아 창피해서 이렇게 공개적으로 얘기하지 않을까 했는데 주변에 물어보니 저 말고도 주사를 겁내는 사람들이 아주 많더라고요. 이렇게 주사를 무서워하는 사람들을 위해서 점막 면역을 이용할 수 있어요. 항원을 주사기를 통해 주사하지 않고 코안이나 입안 점막을 통하여 몸 안으로 넣는 것이지요. 이러한 점막 백신은 통증이 없고 안전하다는 장점이 있기 때문에 많은 연구자들이 활발하게 연구하고 있어요. 저처럼 주삿바늘을 무서워하는 많은 사람들이 맘 편하게 백신을 맞을 수 있는 날이 언젠가는 오겠지요?

29

B세포는 항체를 무궁무진하게 만든다고?

우리의 혈액 안에 적혈구와 백혈구라는 혈액 세포가 있다는 것을 알지요? 백혈구 중 우리 몸의 면역 반응에 관여하는 세포를 림프구라고 해요. 림프구는 B세포와 T세포로 나눌 수 있는데 항체, 즉 면역 글로불린을 만드는 B세포에 대해 공부해 볼까요?

앞에서 항체의 일종인 면역 글로불린 A에 대해서 배웠지요? 면역 글로불린은 A 말고도 D, E, G, M 등이 있어요. 면역 글로불린 A는 점막이라는 가장 최전선에서 싸우는 항체라고 말씀드렸지요. 실제로 우리 몸 안에 가장 많고 가장 열심히 일을 하는 항체는 면역 글로불린 G예요. 면역 글로불린 G는 혈액, 림프액 등 우리 몸 안의 체액을 돌아다니면서 외부로부터 들어온 적을 물리치는 역할을 하는 가장 대표적인 항체예요. 그렇다면 이런 항체는 과연 어디서 어떻게 언제 만들어질까요?

우리 혈액 안의 혈액 세포 중 적혈구는 산소와 영양분을 나르는 역할을 하고 백혈구는 면역 반응 등 다양한 다른 기능을 수행하지요. 백혈구 중에서 면역 반응을 직접 담당하는 세포를 림프구라고 하는데, 림프구는 다시 B세포와 T세포로 나눌 수 있어요. T세포에 대해서는 다음 질문에서 공부하도록 하고 B세포에 대해 우선 공부해 보도록 해요. B세포는 면역 글로불린 G, 면역 글로불린 A 등 모든 항체를 직접 만들어서 혈액과 같은 체액 내로 분비하는 세포예요.

B세포라는 이름을 갖게 된 이유는 B세포가 조류의 한 기관인 파브리키우스 주머니라는 곳에서 처음 발견되었기 때문이에

★ **백혈병**은 혈액 세포에 발생한 암으로서, 주로 비정상적인 백혈구가 과도하게 늘어나 정상적인 백혈구와 적혈구, 혈소판의 생성이 억제된다. 백혈병의 증상은 빈혈, 어지러움, 출혈, 발열, 홍반 등 다양하며, 전체 소아암의 3분의 1 정도를 백혈병이 차지한다.

요. 해부학 용어로 주머니를 벌사(bursa)라고 하거든요. 그래서 벌사의 B를 따서 B세포라고 이름을 붙이게 되었어요. 처음에는 B세포가 조류에서 발견되었지만 사실 B세포에 대한 많은 연구는 면역계가 좀 더 발달한 포유류에서 더 활발하게 진행되었어요. 파브리키우스 주머니가 없는 포유류는 어디서 B세포를 주로 만들까요? 포유류의 경우 B세포는 골수에서 만들어져요. 골수(bone marrow)는 뼈 내부의 스펀지같이 말랑말랑한 조직이에요.

» 항체는 우리 몸 안에 « 미리 존재해

B세포의 아주 특별한 능력 중 하나는 아주 다양한 수백만 가지의 항체를 만들어 낼 수 있다는 것이에요. 왜 이렇게 많은 종류의 항체가 필요하냐고요? 일단 우리 몸에 침입할 수 있는 바이러스의 종류만 해도 수십만 가지가 넘지요. 어디 바이러스뿐인가요? 바이러스보다 훨씬 덩치가 큰 박테리아도 우리 몸의 세포를 감염시킬 수 있고요. 바이러스나 박테리아 말고도 우리 몸 안을 침범할 수 있는 모든 외부 물질에 대한 항체를 우리의 B세포는 이론적으로 다 만들어 낼 수 있어요. 그런 것이 어떻게 가능하냐고요?

B세포는 항체를 이루는 단백질 네 가닥을 만드는 유전 정보를 굉장히 다양한 조합으로 만들어 낼 수 있어요. B세포 안에서 항체를 만드는 유전자들이 마치 카드를 섞듯이 다양한 조합으로 섞이기 때문에 무궁무진하게 많은 종류의 항체를 만들어 낼 수 있

는 것이에요. 그렇기 때문에 어떠한 모양을 가진 물질이 우리 몸으로 들어오더라도 그것과 결합할 수 있는 항체가 우리 몸 안에 미리 존재하고 있는 셈이지요. 하나의 B세포는 하나의 항체만 만들어 내기 때문에 우리 몸 안에는 항체의 수만큼 다양한 종류의 B세포가 있어요.

》 한 번 증식한 B세포는 《 기억 B세포로 남아

우리 몸 안에 어떤 바이러스가 들어오게 되면 그 바이러스의 껍질 단백질과 결합할 수 있는 항체가 바이러스와 결합해요. 그런데 재미있는 사실은 항체의 종류만큼 많은 B세포 중에 바로 바이러스와 결합한 항체를 만드는 B세포만이 빠르게 증식하여 똑같은 B세포가 많이 만들어져요. 왜 이런 일이 일어날까요? 외부에서 바이러스가 침입한 것을 항체가 결합하면서 우리의 면역계가 알게 되었으므로 그 바이러스를 없애려면 많은 항체가 필요하기 때문이지요. 우리 몸으로 바이러스가 한 마리만 달랑 들어오지는 않을 테니까 수많은 바이러스를 무찌르기 위해 수많은 항체가 필요하니까요.

이렇게 한 번 잔뜩 증식한 B세포들은 기억 B세포로 남아서 계속 같은 항체를 만들어 내요. 앞으로 똑같은 종류의 바이러스가 다시 침입할 가능성이 있기 때문에 일종의 예비군처럼 우리 몸 안에서 방어를 위해 대기하고 있는 것이지요. 이러한 기억 B세포와

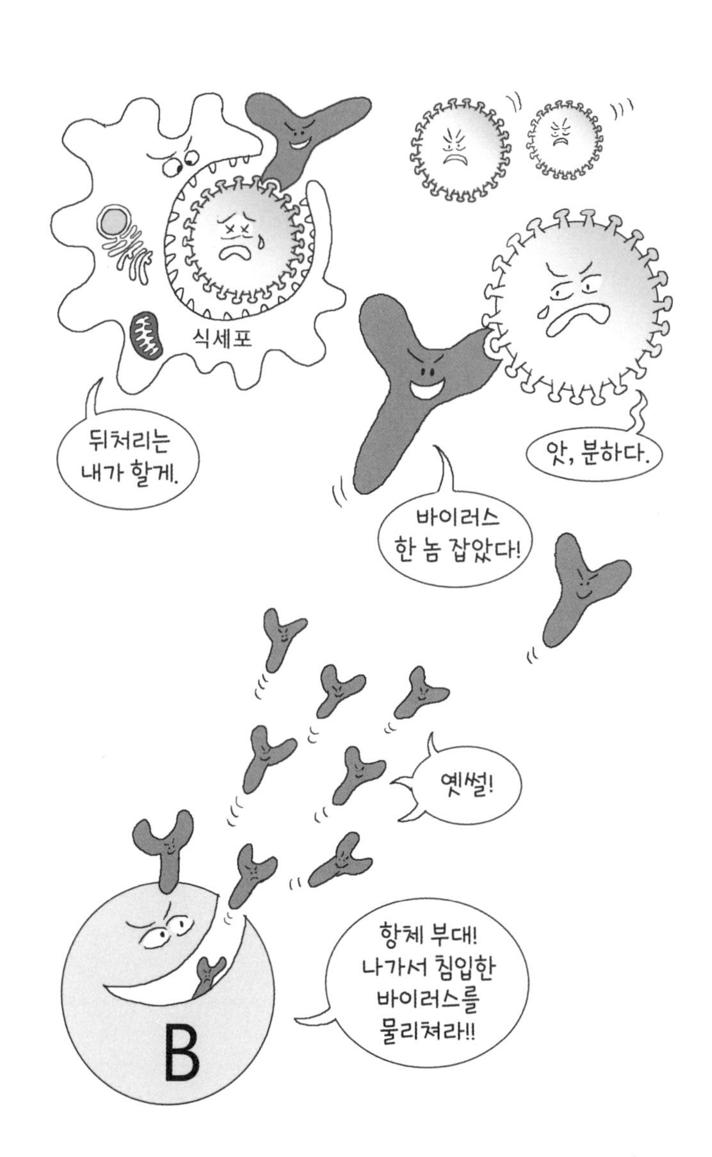
식세포
뒤처리는 내가 할게.
바이러스 한 놈 잡았다!
앗, 분하다.
옛썰!
B
항체 부대! 나가서 침입한 바이러스를 물리쳐라!!

예비군 항체를 만들어 내기 위해 우리가 백신을 접종받는 거예요.

참, 항체와 결합한 바이러스는 어떻게 될까요? 단순히 항체와 결합만 했다고 바이러스가 사라지는 것은 아니고, 항체와 결합한 바이러스는 항체를 인식하고 달려온 식세포가 잡아먹어서 분해해 버려요. 식세포 외에도 항체와 결합한 여러 침입자들을 분해해 버리는 보체라는 물질의 도움도 받을 수 있어요. 우리의 면역계는 참 흥미롭지요? 언제 기회가 되면 이러한 면역계를 다루는 면역학을 주제로 여러분과 이야기를 나눌 수 있으면 좋겠네요.

30

T세포는 어떻게 바이러스를 무찌를까?

우리의 면역계에서 항체를 만들어 내는 B세포 말고도 T세포도 중요한 역할을 해요. B세포가 항체라는 미사일을 발사하는 부대라면 T세포는 바이러스와의 전쟁에 직접 참여하는 보병과 같다고 할 수 있어요. T세포가 바이러스를 무찌르는 과정에 대하여 공부해 볼까요?

자, 앞에서 바이러스와 싸우는 무기인 항체를 만들어 내는 B세포에 대해 배웠으니 우리 몸의 면역을 담당하는 또 다른 용감한 세포, T세포에 대해 배워 볼까요? T세포는 우리 가슴에 있는 흉선(thymus)에서 성숙하는 세포이기 때문에 흉선의 영어 이름에서 T를 따와서 T세포라 이름 붙인 것이에요. 앞에서 에이즈 바이러스에 관해 공부할 때 에이즈 바이러스가 감염시키는 세포가 T세포 중에서도 도움 T세포라고 했었지요? 도움 T세포 외에도 몇 종류의 T세포가 더 있어요. 하나하나씩 살펴볼게요.

자, 우선 복습부터 하자면 도움 T세포는 다른 T세포와 B세포를 활성화시킬 수 있는, 즉 다른 면역 세포의 활성을 도와주는 세포예요. 나머지 두 개의 T세포의 이름은 좀 섬뜩해요. '세포 독성 T세포'는 세포 독성 물질을 분비해서 다른 세포를 죽일 수 있는 세포이고, '자연 살상 T세포'는 다른 세포를 죽이기도 하고 전체적인 면역 반응을 조절하는 역할도 해요. 요즘 TV 광고 등에 가끔 출연하는 NK세포가 바로 이 자연 살상 T세포예요.

》 B세포는 미사일 부대, 《
T세포는 보병 또는 탱크 부대

침입한 바이러스를 항체를 만들어 먼 거리에서 제거하는 B세포를 침입한 적을 공격하는 미사일 부대라고 부를 수 있다면, T세포는 몸소 출동하여 바이러스에 감염된 세포를 없애 버리는 보병이나 탱크 부대라고 할 수 있어요. 보병이나 탱크 부대에는 이들을 지휘하는 지휘관이 필요하겠지요? 이 지휘관의 역할을 하는 세포는 누구일까요? '수지상 세포'라는 이름을 가진 재미있는 세포가 이들 T세포의 지휘관 역할을 해요. '수지'는 나뭇가지를 뜻하는 말로, 실제로 수지상 세포는 나뭇가지가 갈라진 것과 같은 모양을 하고 있어요. 184쪽의 그림을 한번 살펴보세요.

외부에서 바이러스가 우리 몸 안으로 침투하면 수지상 세포는 나뭇가지와 같은 발을 뻗어서 자기 세포 안으로 바이러스를 들여보내요. 이어 자기 안의 여러 가수 분해 효소들을 이용하여 바이러스를 잘게 부수어서 바이러스 단백질의 일부를 마치 장식품처럼 자기 세포 표면에 진열하지요. 조금 무서운 표현이지만 마치 오래전 중세에 성을 지키는 전쟁을 하던 시절, 적장의 머리를 베어서 성벽 위에 진열해 놓는 것과 비슷하다고나 할까요? 수지상 세포가 바이러스의 조각을 자기 세포 표면에 진열하게 되면 세포 독성 T세포가 자신의 표면에 있는 수용체 단백질로 더듬어서 그 바이러스 조각을 만져 보게 돼요. 이제 세포 독성 T세포도 적이 누군지 알게 된 것이지요.

» 세포 독성 T세포가 « 바이러스에 감염된 세포를 죽여

T세포들은 눈이나 귀가 없기 때문에 아군과 적군을 구별하기 위해 더듬어서 만져 보는 방법을 써요. 물론 손도 없으니까 T세포 표면의 단백질을 이용하여 다른 세포 표면의 단백질과 서로 접촉

침입한 바이러스는 일단 내가 꿀떡 삼켜 버려. 그다음 잘게 부숴서 바이러스 단백질을 내 세포 표면에 올려놓지.
수지상 세포
자 !! 세포 독성 T세포들아. 이 바이러스 단백질을 표면에 가지고 있는 세포는 바이러스에 감염된 거니 안됐지만 가서 없애 버려!
더듬더듬
Tc
Tc
아, 이런 단백질을 가지고 있는 세포를 없애면 되는군요.
넵! 감사합니다. 수지상 세포 님! 이제 어떤 세포를 죽여야 할지 알것 같아요.
Tc
쯧쯧
미안하다, 죽어라.
바이러스에 감염된 세포
정상 세포

해 보는 것이지요. 이러한 다른 세포 표면의 단백질과 접촉하는 데 쓰이는 T세포 표면의 단백질을 T세포 수용체라고 해요. 이미 세포 독성 T세포의 지휘관인 수지상 세포가 자신의 표면에 진열한 바이러스의 조각들을 접촉해 본 세포 독성 T세포는, 그 바이러스 조각과 똑같은 조각을 표면에 가지고 있는 세포들을 공격해요.

어떤 세포가 표면에 바이러스의 조각들을 가지고 있을까요? 바로 바이러스에 감염된 세포들이지요. 바이러스에 감염된 세포들이 표면에 가지고 있는 바이러스 조각을 세포 독성 T세포들이 인식한 뒤 세포 독성 물질을 분비해서 감염된 세포를 없애 버려요. 감염된 세포를 없애지 않으면 감염된 세포 안에서 잔뜩 복제된 바이러스가 다시 튀어나올 수 있기 때문이지요.

우리 몸의 면역계는 바이러스에 감염된 세포를 살리기보다는 희생시키는 방법을 택해요. 아깝지만 개체 전체의 이익을 위해 감염된 세포를 없애는 선택을 하는 것이지요. 집단을 위해 개인이 희생하는 것과 비슷하다고나 할까요?

31

집단 면역으로 코로나19를 없앤다고?

코로나19바이러스에 대항하기 위해 집단 면역을 실험하였다는 북유럽 나라의 소식을 들어 본 적이 있지요? 집단 면역이란 무엇이고, 이러한 방법을 통하여 과연 우리는 코로나19바이러스를 이겨 낼 수 있을까요?

집단 면역이라는 용어는 사용된 지 꽤 오래 됐어요. 20세기 초반에 홍역이 많이 유행할 때 알려지게 된 개념이지요. 홍역도 바이러스에 의한 질환이에요. 파라믹소바이러스가 일으키는 감염성 질환이지요. 우리는 대부분 어렸을 때 홍역 예방 백신을 맞았기 때문에 요즘은 홍역에 걸린 환자를 거의 찾아볼 수 없지만 아직도 홍역이 발병하기 때문에 조심해야 해요. 홍역은 참 무서운 병이에요. 오죽하면 '홍역을 치르다'라는 표현이 '엄청나게 어려운 일을 겪다'라는 뜻으로 쓰이겠어요.

홍역이 어떤 집단에서 많이 발생하게 되자 역설적으로 새롭게 홍역에 감염되는 신규 환자의 숫자가 그 집단에서 줄어들게 되는 것을 집단 면역이라고 해요. 홍역에 한번 감염되어 홍역 바이러스에 대한 항체가 생긴, 즉 면역력을 지닌 사람들이 늘어나면 홍역 바이러스가 그 집단에서 감염을 통하여 쉽게 확산되지 못한다는 원리지요. 바이러스는 사람과 사람 사이에서 감염으로 전파되면서 증식하는데 바이러스에 대한 면역을 지닌 사람이 한 집단에 많아지면 바이러스가 더 이상 감염시킬 대상이 적어지는 것이에요. 한번 감염시킨 환자에게서 나와 공중을 떠돌던 바이러스는 새로운 숙주로 삼을 사람을 찾지 못하여 결국 소멸되지요.

이렇게 집단 면역이라는 개념은 어떤 감염성 질병을 직접 앓거나 그 병원체에 대한 백신을 접종 받아서 항체가 생긴 사람이 집단에 많아져서 감염병의 확산이 느려지는 현상을 이야기해요. 꼭 병에 걸려서 면역이 생기는 경우뿐 아니라 백신을 맞아 면역이 생기는 경우까지 포함하는 것이지요.

》증상이 심한 수두에 걸리면《 어떡하려고?

집단 면역에 대한 잘못된 이해 때문에 '수두 파티'라는 것이 유행했던 적이 있어요. 수두도 역시 수두 대상 포진 바이러스에 의해 생기는 감염성 질환이지요. 제가 초등학교 저학년 때 수두가 엄청나게 유행했던 기억이 나요. 반 학생 절반 이상이 모두 수두에 걸렸지요. 전염성이 너무 강해서 처음에는 한두 명이던 수두 환자가 반 전체로 퍼졌어요. 물론 저도 수두에 걸렸었지요. 작은 물집이 얼굴에 나는 것이 수두의 증상 중 하나인데, 간혹 흉터를 남기기도 해요. 오랜 세월이 지났지만 저도 이마에 작은 수두 흉터가 있어요.

'수두 파티'는 어렸을 때 수두를 약하게 앓고 나면 면역이 생겨서 평생 수두를 앓지 않을 수 있다는 생각을 바탕으로 해요. 수두에 걸린 아이의 집에 가서 같이 놀게 하여 수두를 모든 아이들이 앓도록 하자는 생각을 가진 부모들이 했던 어리석은 행동이에요. 미국에도 이런 수두 파티가 유행했고 심지어는 만화 〈심슨 가족〉의 한 에피소드에도 수두 파티 내용이 나와요. 수두 파티를 신봉하는 사람들은 인공적인 백신을 불신하는 경우가 많아요. 사람이 인공적으로 만든 백신보다는 가볍게 병을 직접 앓는 것이 훨씬 안전하게 면역을 획득하는 방법이라고 생각하는 것이지요.

우리나라에서도 예방 접종을 믿지 않는 몇몇 사람들은 자신의 아이를 수두 파티에 보낸다고 해요. 하지만 정말 위험천만한 일이에요. 수두 파티에 가서 수두 바이러스에 옮으면 꼭 수두를 가볍게 앓으리라는 보장이 없거든요. 아주 증상이 심한 수두에 걸려 생명이 위험해질 수도 있어요. 통계적으로 안전성이 보장된 백신을 접종받아 몸에 항체가 생기도록 하는 것이 훨씬 현명한 방법이겠지요.

》 백신 접종으로 《 집단 면역에 도달

코로나19바이러스도 이렇게 집단 면역을 통하여 통제하려고 했던 나라가 있어요. 건강한 국민들 다수가 코로나19바이러스 감염 질환을 가볍게 앓고 면역을 획득하면 코로나19바이러스가 없어지리라 기대했던 것이지요. 우리나라처럼 사회적 거리두기 등을 하는 대신 코로나19바이러스에 취약한 계층의 희생이 일부 생길 수 있는 위험성을 감수하면서, 감염된 환자의 격리나 공공시설의 봉쇄를 하지 않고 국민들의 자율에 맡긴 것이지요. 하지만 결과는 기대대로 되지 못하였어요. 중증의 환자들이 늘어남에 따라 그 나라도 정부 주도의 방역을 시작할 수밖에 없었어요.

집단 면역에 의한 예방 효과를 기대하기에 코로나19바이러스는 너무 위험해요. 게다가 돌연변이에 의해 표면의 단백질이 계속 바뀔 수 있기 때문에 감염이나 백신에 의해 항체가 생겼다고

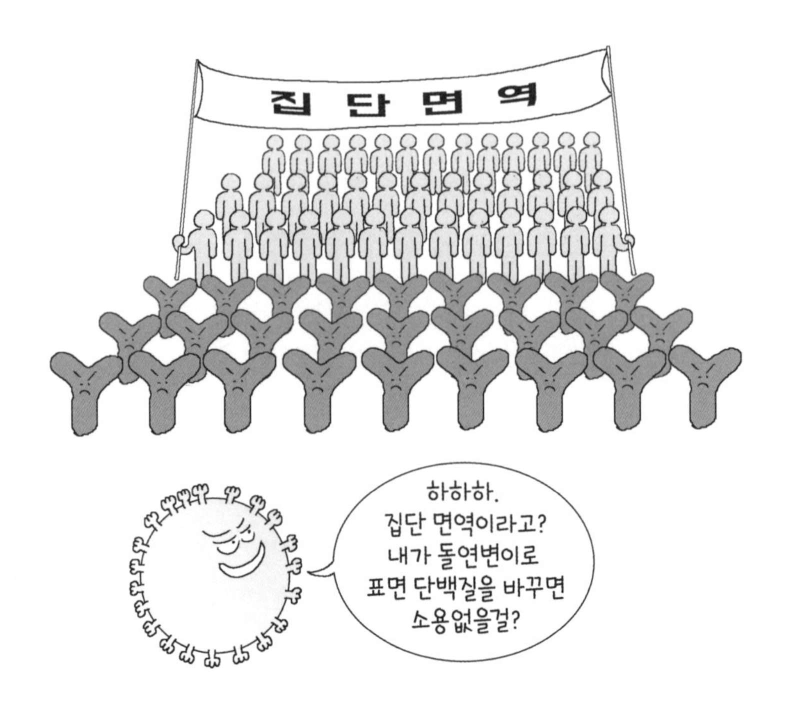

하더라도 변형된 바이러스에 다시 감염될 가능성이 있어요. 집단 면역에 의한 바이러스 방역이 이론적으로 완전히 틀린 것은 아니에요. 하지만 바이러스의 감염력과 돌연변이 능력 등 여러 가지를 고려해야 해요. 이제 코로나19바이러스 백신이 속속 개발되고 있으니 빨리 백신을 접종받아 항체가 생긴 사람들의 집단 면역이 코로나19바이러스를 물리치기를 다 같이 기대해 보도록 해요.

32

'사이토카인 폭풍'이란 무엇일까?

젊은 사람들이 코로나19바이러스에 감염되면 '사이토카인 폭풍'이라는 현상으로 목숨이 위험해질 수도 있다고 하는데요, 사이토카인이 무엇인지도 궁금하고 폭풍이라니 더 무서워요. 그렇다면 기저 질환이 있거나 고령인 사람보다도 젊은 사람들에게 코로나19바이러스가 더 위험한 것은 아닌가요?

'사이토카인'은 작은 단백질로 이루어진 물질로, 주로 면역계의 세포들이 분비해요. 면역 세포의 활성을 조절하는 데 주로 사용되지요. 앞에서 배운 도움 T세포가 다른 면역 세포를 활성화시키기 위해 분비하는 인터류킨도 사이토카인의 일종이고, 그 외에도 항바이러스 작용을 매개하는 인터페론 등의 사이토카인이 있어요. 사이토카인은 세포에서 분비되는 작은 단백질이고 다른 세포의 활성을 조절한다는 면에서 단백질 호르몬과도 유사하지만, 호르몬은 특정 세포에서만 분비되고 면역 세포의 활성화와는 관계없는 다른 생리 현상을 조절하는 역할을 해요.

적정량이 분비되는 사이토카인은 우리 몸의 면역 반응이 적절하게 이루어지도록 조절하는 역할을 해요. 하지만 이 사이토카인이 여러 가지 이유에 의해 갑자기 엄청나게 늘어나 면역 세포들이 과하게 활성화되는 현상을 사이토카인 폭풍이라고 해요. 폭풍이라는 단어를 쓸 정도로 사이토카인이 갑자기 늘어나면 감당할 수 없는 후폭풍이 우리 몸을 휩쓸고 지나가게 돼요.

》 과활성화된 면역 세포는 《 자신의 조직까지 공격해

면역 세포들이 과활성화되면 외부에서 침입한 바이러스나 박테리아를 더 잘 제거하니까 좋은 것 아니냐고요? 그렇지 않아요. 면역 세포들이 지나치게 활성화되면 외부에서 침입한 적들뿐 아니라 자신의 조직까지 공격하는 현상이 일어나요. 폐를 비롯한 자기

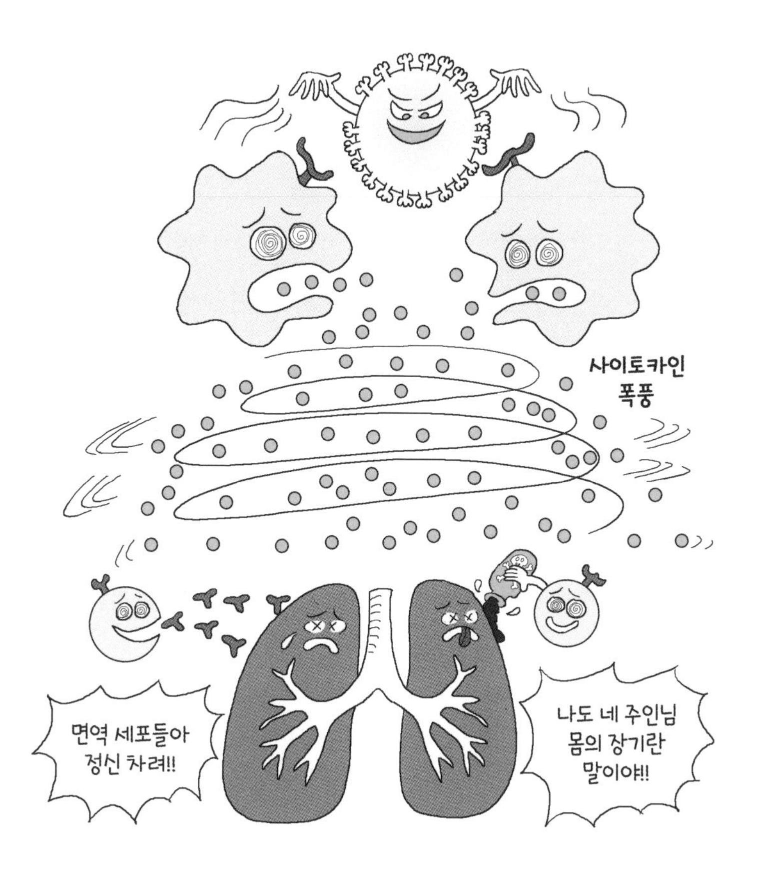

의 장기들을 침입자로 간주하고 마구 공격하여 조직을 파괴하는 것이지요. 일종의 자가 면역 질환이라고 볼 수 있어요. 자가 면역 질환은 자신의 면역 세포가 자신의 조직을 외부에서 들어온 조직으로 잘못 인식하여 공격하는 병이에요. 류머티즘성 관절염이 바로 이런 자가 면역 질환 중 하나지요.

코로나19바이러스에 감염된 노령자나 허약한 사람은 바이러스에 의한 공격으로 장기가 손상되어 건강에 위협을 받지만, 건강한 사람이 감염되면 바이러스에 의한 손상보다는 자신의 면역 세포의 과도한 활성으로 인해 장기가 손상되어 치명적인 결과를 가져올 수 있어요. 1918년 유럽에서 많은 희생자를 내었던 스페인 독감도 40대 미만의 젊은 환자들이 전체 사망자의 60퍼센트에 이른 것으로 보아 사이토카인 폭풍에 의한 사망이 주로 일어났다는 것을 짐작할 수 있어요.

바이러스 감염 후 일어나는 사이토카인 폭풍에 의한 사망을 막기 위해 여러 가지 치료법이 개발되고 있어요. 바이러스의 감염이 더 일어나지 못하도록 바이러스와 우리 세포의 접촉을 막아 주는 약물이 개발되고 있고, 우리 면역 세포의 과다한 활성을 막아 주는 면역 조절제도 사용되고 있어요.

» 면역계는 « 양날의 칼

바이러스의 감염을 통해 알아본 우리의 면역계는 참 양날의 칼과 같다는 생각이 들어요. 적절하게 잘 사용하면 외부에서 침입한 바이러스와 같은 적을 물리칠 수 있지만 너무 과하게 활성화되면 거꾸로 우리 몸을 공격하여 문제를 일으킬 수 있으니까요.

알레르기도 면역이 과하게 활성화되어 일어나는 질환이에요. 저도 복숭아에 알레르기가 있어요. 어렸을 때는 복숭아를 잘 먹었는데 30대 중반이 넘어서 갑자기 복숭아 알레르기가 생겼어요. 저희 집안 친척 어른 한 분도 복숭아 알레르기가 있는데 예전에는 맛있는 복숭아를 못 드신다고 참 안되었다고 생각했어요. 그런데 이제는 저도 복숭아를 못 먹는 신세가 되었어요. 사실은 제가 더 불쌍한지도 몰라요. 그 친척 어른은 어린 시절부터 복숭아 알레르기가 있어서 복숭아의 맛도 잘 모르고 복숭아만 보면 피해 다니셨는데, 저는 알레르기가 생기기 전까지는 복숭아를 너무나 좋아해서 지금도 여름 제철에 나온 복숭아를 보면 무척 먹고 싶어요. 정말 그야말로 그림의 떡인 것이지요. 면역을 억제하는 약을 먹고 복숭아를 먹어볼까 생각도 해 보았는데 너무 미련한 짓인 것 같아 관두었어요. 알레르기 반응이 심각하게 나타나면 두드러기가 기도를 막아 숨을 제대로 쉬지 못하여 치명적인 결과를 불러올 수도 있기 때문이지요.

6장

인간과 환경의 공존이 가능할까?

33

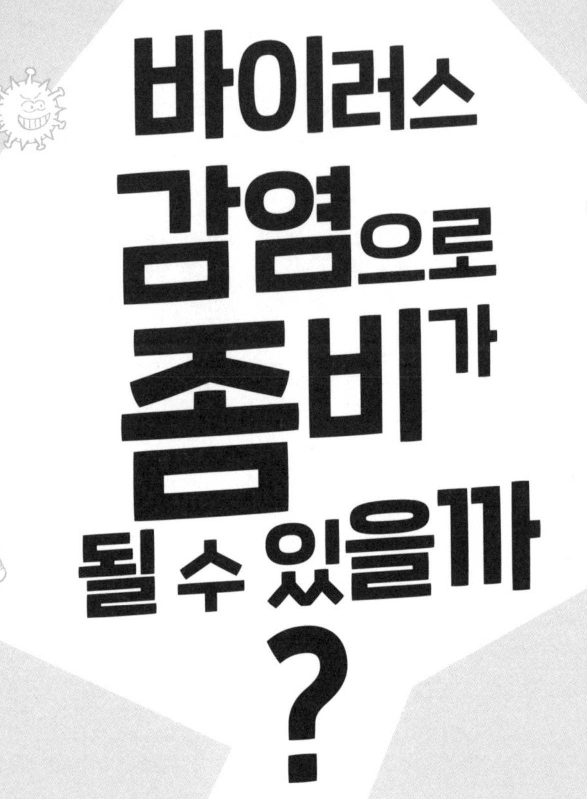

바이러스 감염으로 좀비가 될 수 있을까?

영화를 보면 바이러스에 감염되어 좀비로 변하는 사람들이 나와요. 좀비 바이러스에 감염된 사람이 다른 사람을 물면 또 그 사람도 좀비 바이러스에 감염되어 좀비로 변해요. 정말 이런 좀비 바이러스가 있나요?

요즘은 영화에도, TV 드라마에도, 만화에도, 심지어는 게임에도 좀비가 아주 많이 등장하지요. 방금도 넷플릭스에서 좀비 드라마를 보다가 너무 끔찍해서 보기 힘들어서 껐어요. 요즘 아주 인기가 많은 드라마라고 하더군요. 왜 이렇게 좀비가 인기 있는 소재가 되었을까요? 최근에 바이러스 등에 의한 감염병이 확산되고 있어서 그런지 작가들도 이러한 감염성 바이러스에 의한 인류 종말 같은 디스토피아를 자주 상상하게 되나 봐요.

한때는 외계인이 지구를 침범하여 지구인과 싸우는 이야기가 많았는데 요즘은 외계인보다는 좀비가 대세인 것 같아요. 제가 어렸을 때는 지구보다 훨씬 더 발달한 문명을 가진 외계인이 지구를 침공해서 인류가 멸망한다는 이야기가 더 그럴 듯하게 들렸었지요. 요즘은 외계인은 너무나 먼 우주에 있고 그동안 한 번도 지구를 찾아왔다는 명백한 증거가 없으니, 오히려 바이러스에 의해 좀비로 변한 인간이 인류의 미래에 더 큰 위협이라고 생각하는 사람들이 많은 것 같아요.

영화나 게임 등 주어진 상황마다 다르지만 좀비는 대개 머리 부분이 바이러스와 같은 병원체에 감염되어 스스로 사고를 하지 못하고 바이러스에 감염된 뇌의 지배를 받아 움직이지요. 그래서 좀비를 죽이려면 머리를 없애야 하는 설정이 사용되는 경우가 많아요. 정말 좀비 바이러스라는 것이 존재한다고 가정하면 이러한 일이 일어날까요?

》연가시가 곤충의《 뇌를 조종해

바이러스는 아니지만 '연가시'라는 기생 생물은 곤충의 몸 안에 기생하고 있다가 번식할 때가 되면 물가로 이동하도록 곤충의 뇌를 조종해서는 물로 빠져나가 알을 낳는다고 해요. 비록 하등한 곤충보다 더 하등한 생물인 연가시가 곤충의 뇌를 조종한다니 무척 엽기적으로 보이지요? 연가시는 우리나라에서 영화의 소재로도 사용되었어요. 연가시에 감염된 사람들이 좀비처럼 물가로 달려가던 모습이 기억나네요. 바이러스가 연가시처럼 숙주 생물의 대뇌를 조종하려면 대뇌 조직에 감염되어야 하겠지요?

좀비 바이러스와 가장 유사한 바이러스를 굳이 찾자면 광견병 바이러스를 들 수 있어요. 광견병은 바이러스에 의해 매개되는 인수 공통 전염병이지요. 광견병에 걸린 개나 다른 동물에 물리면 광견병 바이러스에 감염될 수 있어요. 광견병에 걸리면 물을 마실 때 목에 심한 통증을 느끼게 되어서 물을 무서워하게 된다고 해요. 물을 찾아가는 연가시와는 반대죠? 물을 무서워하는 병이기 때문에 광견병을 공수병이라고도 불러요.

저도 중학교 때 수련회를 갔다가 개에게 물린 적이 있는데 혹시나 그 개가 광견병에 걸린 개인지 확인하기 위해 나중에 다시 찾아간 적이 있어요. 다행히 광견병에 걸린 개는 아니었던 것 같아요. 광견병 바이러스의 잠복 기간은 길면 2년 정도 된다고 하는데 그것보다 훨씬 더 오랜 시간이 지났지만 아직 증상이 없거든요.

》 광견병 바이러스에 《 돌연변이가 일어난다면?

인간의 뇌는 굉장히 소중한 장기이기 때문에 뇌혈관 장벽이란 것이 존재해요. 아주 촘촘한 구조로 이루어져 있어 바이러스나 다른 독성 물질이 뇌 안으로 절대 들어가지 못하도록 하지요. 하지만 광견병 바이러스는 자신이 가지고 있는 독특한 단백질을 이용하여 뇌혈관 장벽을 통과해서 뇌세포를 감염시킬 수 있어요. 광견병이 발병된 이후에는 뇌염 증상이 일어나 대부분 사망한다고 해요. 정말 무서운 병이지요. 만약 뇌혈관 장벽을 뚫고 들어갈 수 있는 광견병 바이러스에 돌연변이가 일어나면 인간의 뇌를 조종할 수 있는 능력을 가질 수 있게 될까요?

결론부터 이야기하면 그런 일은 절대 없다고 말할 수 있어요. 광견병 바이러스가 그렇듯이 바이러스에 감염된 숙주는 결국 사망하게 되어요. 영화에서처럼 좀비 바이러스에 감염되어 좀비로 변하면 계속 걸어 다니면서 좀비 바이러스를 다른 사람들에게 옮길 수 있을까요? 바이러스가 밖으로 나가 다른 사람을 감염시킬 정도로 많이 증식했다면 광견병과 마찬가지로 그 숙주 좀비는 움직이지 못하고 그 자리에서 사망할 수밖에 없을 거예요. 좀비가 되면 죽었다가도 다시 살아난 것처럼 움직이고, 좀비와 접촉하면 멀쩡한 사람도 좀비로 변한다는 설정이 무시무시하지만 그건 그냥 영화적 상상력이라고 생각해도 괜찮을 것 같아요.

34

천연두가 다시 나타났다고?

천연두 바이러스는 이미 지구상에서 사라졌다고 하죠. 이제 천연두 예방 접종도 더 이상 하지 않고 있어요. 인류는 천연두와의 오랜 전쟁에서 이긴 것처럼 보여요. 그런데 최근에 천연두 바이러스가 어딘가에 숨겨져 있다는 이야기가 들리던데 무슨 영문일까요?

천연두는 정말 오랫동안 인류를 괴롭혀 온 질병이에요. 천연두의 병원체는 DNA를 유전 물질로 가지고 있는 바이러스예요. 기원전 고대 이집트에서도 천연두가 유행했다는 기록이 남아 있고, 20세기에만 무려 5억 명 가까이 천연두로 사망했다고 해요. 이러한 천연두와의 오랜 싸움에 종지부를 찍을 수 있도록 해 준 역사적인 사건이 바로 백신의 발견이에요.

영국의 의사 에드워드 제너가 1796년 우두를 이용하여 천연두 백신을 만든 후 천연두는 점점 줄어들기 시작했지요. 다들 알고 있는 이야기겠지만 제너는 천연두 바이러스와 유사한 바이러스에 의해 소에게 발병하는 감염병인 우두를 이용하여 천연두 백신을 만들었어요. 우두를 라틴어로 백시니아라고 하기 때문에 제너는 우두법을 백시네이션이라고 불렀지요. 지금 우리가 흔하게 사용하는 단어인 '백신'은 이때 만들어진 것이에요.

제너에 의해 개발된 백신 접종이 유럽과 미국에서 보편화되어 1900년 이전에 천연두의 발병이 거의 없어졌어요. 여러 나라에서 의무적으로 천연두 백신 접종을 하도록 하였기 때문이지요. 하지만 1970년대 초반까지도 산발적인 천연두 감염이 지구 곳곳에서 보고되었어요. 마지막까지 천연두 바이러스가 남아 있던 아프리카 일부 지역의 천연두 박멸을 위해 애쓴 의료진 덕분에 1980년 드디어 의료계는 천연두의 종식을 선언하게 되었어요. 이제 더 이상 천연두 백신 접종도 하지 않게 된 것이지요.

저는 어렸을 때 천연두 백신을 맞아서 왼쪽 어깨에 작은 흉터가 있어요. 다른 예방 주사와는 좀 다르게 천연두 백신은 염증 반응을 일으켜 작은 상처가 남게 되어요. 사람에 따라 이 상처가 굉장히 크게 남는 경우가 있기도 해요. 비슷하게 우리 몸에 상처를 남기는 예방 접종으로는 결핵 예방 주사인 BCG가 있어요. 요즘은 BCG 주사도 깊이 파고들지 않는 침을 사용하여 최소한의 흉터만 남기는 방법이 사용되고 있다고 하네요. 성형 미용 수술이 발전하여 자기 나이보다 훨씬 젊어 보이는 사람들이 많지만 천연두나 BCG 백신 자국을 확인하면 실제 나이를 짐작할 수 있다고 해요.

초등학생 시절 불 주사라고 불리던 결핵 예방 주사가 기억나네요. 요즘은 1회용 주사기가 흔하지만 그 당시에는 주사기 하나를 램프 불로 살균해서 한 반의 모든 학생이 다 하나의 주사기로 접종을 받았지요. 아무리 불로 살균한다고 해도 간염 바이러스 등을 학생들에게 옮길 수 있는 조금은 위험한 예방 접종 방법이었어요. 요즘은 위생적인 1회용 주사기를 쓰고 있으니 두려워 말고 제때 예방 접종을 받도록 하세요.

» 전쟁에서 « 생물 무기로 쓰인다면?

그런데 이렇게 우리에게 완전히 잊혔다고 생각했던 천연두 바이러스가 몇 년 전 미국 메릴랜드에 위치한 국립 보건원의 어떤 실험실에서 발견되었다고 해요. 1950년대에 천연두 바이러스를 동결 건조하여 유리 시험관 안에 넣고 밀봉한 샘플이 6개나 발견된 것이지요. 무려 60년도 더 된 천연두 바이러스 샘플이었어요. 바이러스를 동결 건조해서 보관하여도 감염력이 없어지지 않기 때문에, 만일 이 천연두 바이러스가 보관된 시험관이 운반 도중 실수로 떨어져 깨졌다면 상상하기 힘든 악몽이 시작될 수도 있었던 것이지요. 다행히 아무도 감염되지 않았고 오랫동안 방치된 천연두 바이러스 샘플은 애틀랜타의 전염병 관리 센터로 옮겨진 후 폐

기되었어요.

천연두 바이러스는 전쟁에서 생물 무기로 쓰인 적이 여러 번 있었기 때문에 사람들은 누군가가 천연두 바이러스를 고의든 실수든 보관하고 있었다는 사실에 무척 놀랐어요. 사실 아직도 천연두 바이러스 샘플을 미국과 러시아에서 하나씩 연구용으로 보관하고 있다고 해요. 인체에 무해한 바이러스를 연구용으로 실험실에서 사용하고 있는 연구자의 입장에서 생각해 보아도 굳이 천연두 바이러스를 보관하고 있을 필요가 있나 싶기도 해요. 아무리 경비를 삼엄하게 하는 시설에서 보관을 잘하고 있다고 하더라도 지진 등의 천재지변으로 천연두 바이러스가 노출될 가능성이 있기 때문이지요. 여러 강대국들이 사용하지는 않는다고 하면서도 핵무기를 가지고 있는 것처럼 생물 무기로 사용할 수 있는 천연두 바이러스를 미국과 러시아가 하나씩 나누어 가지고 서로를 견제하는 것은 아니겠지요?

35

뎅기열이 우리나라까지 올까?

지구 온난화에 의한 기후 변화는 이제 현실로 다가온 것 같아요. 남쪽에서만 재배되던 사과가 강원도까지 올라오고 알록달록한 열대어가 우리나라 해안에도 나타나기 시작했어요. 이러다가 열대 지방의 각종 풍토병을 일으키는 바이러스가 우리나라까지 침범하는 일이 생기지는 않을까요?

앞에서 지카바이러스와 관련된 이야기를 하면서 지구 온난화 때문에 열대 지방에서 주로 유행하는 바이러스에 의한 감염성 질환이 온대 지방인 우리나라까지 번져 올 가능성에 대해 잠시 얘기했었던 것 기억나지요? 기후와 바이러스 감염이 서로 어떤 관계가 있는지 잠깐 살펴볼까요?

코로나19바이러스나 독감 바이러스처럼 바이러스는 사실 날씨가 추워지면 더 맹위를 떨치는 것 같아요. 이들 바이러스를 싸고 있는 지질로 이루어진 막이 온도가 높아지면 액체처럼 녹아내려 바이러스 안의 유전 물질을 보호해 주지 못하기 때문에 추운 날씨에 바이러스가 더 왕성하게 활동하는 것이라고 주장하는 학자들도 있어요. 또 날씨가 춥고 건조해지면 사람 면역계의 활성이 줄어들어 더 쉽게 바이러스에 감염될 수 있다고 말하는 학자들도 있지요.

》 온도와 습도는 《 어떤 영향을 끼칠까?

학자들 사이에 의견이 분분해지자 2007년에 팔레스라는 과학자가 실험동물인 기니피그를 이용하여 온도와 습도가 바이러스의 전염성에 미치는 영향을 알아보았어요. 독감 바이러스는 온도와 습도가 모두 낮아야 기니피그 사이에 전염이 더 잘된다는 사실이 밝혀졌지요. 기니피그의 면역계를 체크해 보았더니 면역력은 온도나 습도에 크게 관계가 없는 것으로 나타났어요. 이러한 결과는 숙주인 동물의 면역력 때문에 바이러스 감염 여부가 결정된다기보다는 독감 바이러스 자체가 낮은 온도와 낮은 습도를 더 좋아한다는 것을 뜻해요.

하지만 이런 결과가 나왔다고 사람을 감염시키는 독감 바이러스도 100퍼센트 똑같이 행동하리라고 확정할 수는 없어요. 사람과 기니피그는 엄연히 서로 다른 동물이니까요. 하지만 여러 연구자들의 추가 실험으로 적어도 겨울이 있는 지방에서 유행하는 독감 바이러스는 낮은 기온과 낮은 습도에서 더 감염력이 높다는 것이 사실로 인정되고 있어요. 그런데 왜 '겨울이 있는 나라'라고 조건을 달았을까요? 겨울이 없는 열대 지방의 독감 바이러스는 오히려 습도와 온도가 모두 높을 때 감염률이 더 올라가기 때문이지요. 아주 헷갈리지요?

» 중간 숙주인 모기가 « 더위를 좋아해

아마도 열대 지방에서 유행하는 바이러스성 질환인 뎅기열이나 황열병이 덥고 습한 기후에 더 많이 전파되는 이유는 바이러스를 매개하는 중간 숙주가 따뜻한 기후를 선호하기 때문인 것 같아요. 그 중간 숙주란 무엇일까요? 네, 다름 아닌 모기예요.

여러분은 도시에 위치한 집 근처에서 여름밤 우리를 귀찮게 하는 집모기와 숲속으로 캠핑 갔을 때 만난 숲모기의 차이점을 느낀 적이 있나요? 언뜻 보아도 집모기는 노란색에 힘이 없어 보이는데 숲모기는 검은색에 흰 줄무늬까지 있어서 무서워 보여요. 어떤 친구들은 이 숲모기를 줄무늬 때문에 '아디다스 모기'라고 부르기도 하더군요.

숲모기의 정확한 명칭은 흰줄숲모기예요. 집모기는 밤에 주로 활동하는 데 비해 이 흰줄숲모기는 낮에도 사람을 많이 물어요. 아주 고약한 녀석들이지요. 흰줄숲모기는 지카바이러스 감염증, 뎅기열 등 여러 열대성 바이러스 감염 질환을 퍼뜨리는 놈들이니 가능하면 물리지 않는 것이 좋아요. 물론 아직까지 우리나라에서 잡힌 흰줄숲모기에서 지카바이러스가 확인되지 않았으니 큰 걱정은 하지 않아도 되지만 앞으로 상황이 어떻게 바뀔지 모르는 현실이에요.

흰줄숲모기는 원래 우리나라에 서식하지 않던 모기였는데 해외여행이 많아지고 동남아로부터 물자 수입이 활발해지면서 국내로 유입되었다고 해요. 앞으로 지구 온난화가 가중되어 점점 여름 날씨가 덥고 습해지면 더 이상 우리나라도 열대 풍토병의 안전 지역이 되지 못할 수 있어요.

》 지구 온난화로 《 모기까지 늘어나

지구 온난화 때문에 우리나라의 곤충 생태가 변했다는 것을 저도 직접 느끼고 있어요. 무슨 말이냐고요? 요즘 애완 곤충으로 인기가 많은 장수풍뎅이와 사슴벌레 아시지요? 저도 어렸을 때 이 벌레들을 좋아해서 근교 산으로 채집을 많이 나갔어요. 사슴벌레는 쉽게 잡을 수 있었는데 장수풍뎅이는 한 번도 보지 못했지요. 당시에 장수풍뎅이와 사슴벌레 채집에 관하여 읽었던 책에 나온 대로 장수풍뎅이도 쉽게 서울 근교에서 채집할 수 있을 줄 알았는데 정말 한 마리도 보지 못하였어요. 알고 보니 그 책은 당시에 많은 과학책들이 그랬듯이 일본책을 무단 전재한 것이었어요. 일본 동

★ **지구 온난화**는 산업 혁명 이후 전 지구 지표면 평균 기온이 상승하는 것이다. 1850년 지표 기온 관측이 시작되었는데, 2017년 말에는 산업 혁명 이전 대비 1도 이상 상승했다. 지구 온난화는 이산화 탄소를 포함하는 온실 기체가 지구를 둘러싸서 대기의 열이 우주 공간으로 나가지 못하기 때문에 발생한다.

경은 날씨가 서울보다 훨씬 온난 다습하여 장수풍뎅이를 채집하기 좋은 환경이었던 것이지요. 그 당시에도 한국 남부 지방에는 장수풍뎅이가 있었다고 해요.

하지만 21세기가 된 지금 서울 근교에서도 장수풍뎅이를 쉽게 찾아볼 수 있어요. 애완 곤충으로 개체 수가 늘어나 자연으로 돌아간 녀석들이 많아서 그럴 수도 있겠지만 아무래도 날씨가 더워진 탓이 큰 것 같아요. 이런 장수풍뎅이같이 귀여운 곤충만 쉽게 만날 수 있으면 좋겠는데 바이러스의 매개체인 모기까지 늘어난다니 우리 모두 지구 온난화를 막기 위해 노력해야겠지요?

36

바이러스를 잘 이용하는 방법도 있다고?

과거에는 생물 무기나 바이오 테러용으로 바이러스를 키우기도 했다고 들었어요. 요즘은 절대 그런 일이 없겠지요? 바이러스라면 이렇게 질병, 생물 무기 등의 부정적인 생각만 드는데요, 바이러스를 이롭게 이용하는 과학자들도 있대요. 과연 바이러스를 어디에 쓸 수 있을까요?

생물 무기의 생산과 사용을 금지하는 국제 조약인 '생물 무기 금지 협약'에 187개국이 가입하고 있어요(2020년 기준). 하지만 아직도 몰래 바이러스 및 기타 병원체를 생물 무기로 보유하고 있는 나라가 있다고 해요. 생물 무기, 생화학 무기 등은 군사 시설은 건드리지 않고 인명만을 대량 살상하는 아주 비인도적인 무기예요. 천연두 바이러스, 에볼라 바이러스, 한타바이러스 등이 생물학 병기로 개발된 적이 있다고 해요. 제발 이런 끔찍한 감염병을 일으키는 바이러스를 이용한 전쟁은 지구에서 일어나지 않으면 좋겠어요.

바이러스 하면 이렇게 전염병, 생물 무기 등만 생각난다고요? 하지만 과학자들은 바이러스를 이롭게 사용하는 방법도 개발하였어요. 어떠한 방법일까요? 과학자들은 바이러스가 고등 생물 세포를 감염시킨 후 바이러스 자신의 유전자를 집어넣어 바이러스의 단백질을 만들어 내는 과정에 착안하였어요. 바이러스를 과학자들이 원하는 유전자를 전달하는 일종의 '탈것'으로 사용하는 것이지요. 하지만 바이러스가 고등 생물 세포 안에서 마구 증식하면 위험하니 유전 공학적인 방법을 사용하여 바이러스의 증식에 관련된 유전자는 제거하고, 대신 바이러스 내부에 과학자가 원하는 단백질을 만드는 유전자를 집어넣었어요. 이러한 바이러스는 고등 생물 세포를 감염시킨 후 과학자들이 원하는 단백질을 고등 생물 세포 안에서 만들어 내요.

》 바이러스를 《
'탈것'으로 이용해

과학자들은 이러한 방법으로 배양한 동물 세포나 식물 조직을 이용하여 원하는 단백질을 만들어 낼 수 있어요. 이렇게 생산해 내는 단백질은 항체나 호르몬 같은 아주 가치가 높은 질병 치료용 단백질인 경우가 많아요. 동물 세포에서 단백질을 만들어 내기 위해서는 RNA를 유전 물질로 가지고 있는 레트로바이러스나 DNA를 유전 물질로 가지고 있는 아데노바이러스 등이 사용되고, 식물을 통해 유용 단백질을 생성하는 데에는 포티바이러스가 쓰여요. 이렇게 다른 유전자를 전달하기 위해 '탈것'으로 사용되는 것을 '벡터'라 부르는데 이와 같이 벡터로 사용되는 바이러스를 바이러스 벡터라고 불러요.

바이러스 벡터는 배양한 동물 세포나 식물 조직에서만 단백질을 만들기 위해 사용되는 것은 아니에요. 아직은 성공한 사례가 많지 않지만 환자의 몸 안으로 유전자를 넣기 위해 바이러스 벡터가 사용된 예가 있어요. 특정 유전자가 결손되어 그 유전자가 만들어 주는 효소가 결핍되는 난치병에 걸린 사람에게 바이러스 벡터에 그 유전자를 담아 넣어 주는 것이지요. 이런 것을 유전자 치료라고 해요. 더 많은 선천적 질환에 바이러스 벡터를 이용한 유전자 치료를 응용하기 위해 지금도 연구가 지속되고 있어요.

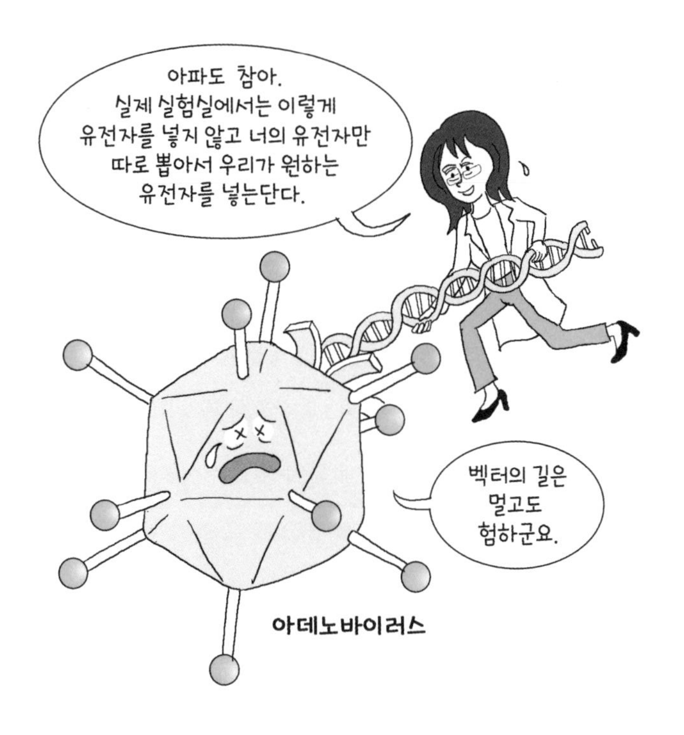

》 암 치료에도 《 바이러스 벡터를 이용해

인류 최대의 적인 암 치료에도 바이러스가 사용돼요. 대표적인 암 억제 유전자 중 하나인 p53을 바이러스 벡터를 이용해 암세포 안으로 넣으려는 연구가 외국에서 허가를 받았어요. 암세포의 특징 중 하나는 세포 안에 세포의 분열을 억제하는 분자 브레이크가 고장 나서 계속된 분열을 하는 것이에요. p53 암 억제 유전자는 바로 이러한 분자 브레이크 역할을 대신 해 주는 단백질을 암세포 안에서 만들 수 있어요.

물론 바이러스 벡터 외에도 과학자가 원하는 유전자를 배양 동물 세포에 넣어 주는 방법도 있어요. 전기 충격을 사용하여 세포막에 일시적으로 낸 구멍으로 유전자를 집어넣는 방법도 있고, 화이자나 모더나의 코로나19바이러스 백신처럼 지질 나노 입자(리포좀이라고도 해요)를 이용하여 유전 물질인 RNA나 DNA를 세포에 직접 넣어 주는 방법도 있어요. 이런 방법과 바이러스 벡터를 이용한 방법 모두 다 장단점이 있기 때문에 과학자들은 그때그때 상황에 따라서 여러 가지 방법 중에 하나를 골라서 사용해요.

바이러스가 감염시킨 세포를 터뜨려 죽일 수 있는 것에 착안하여 암세포만 선택적으로 죽일 수 있는 바이러스를 개발하여 암세포 치료용으로 사용하기도 해요. 레오바이러스나 홍역 바이러스가 대표적으로 암세포를 죽이는 바이러스로 연구되고 있어요. 레오바이러스는 모든 세포에 내제된 메커니즘인 '세포 자살'을 활성화시켜 암세포를 죽인다고 알려져 있어요. 과학자들이 레오바이러스를 정교하게 조절하여 정상 세포는 건드리지 않고 암세포만의 세포 자살을 유도하도록 연구하고 있어요. 암을 일으키는 바이러스도 있지만 암을 치료할 수 있는 바이러스도 있다니 참 재미있지요?

37

농사를 망치는 바이러스도 있다고?

인간이나 가축을 감염시키는 동물 바이러스만 우리를 고생시키는 줄 알았는데 농작물에 감염병을 일으키는 바이러스도 있다고 들었어요. 과연 어느 정도로 심각한지, 예방법은 없는지 알고 싶어요.

이 책의 앞부분에서 다양한 식성을 가진 바이러스에 대하여 공부했던 기억이 나시지요? 바이러스는 단세포 생물인 박테리아를 숙주로 하는 박테리오파지부터 동물에 감염을 일으키는 바이러스, 동물도 식물도 박테리아도 아닌 균류나 원생동물을 감염시키는 바이러스도 있어요. 그러니까 물론 식물을 숙주로 사용하는 바이러스도 있겠지요?

식물 바이러스 중 가장 잘 알려져 있는 것은 담배 모자이크 바이러스예요. 담배 모자이크 바이러스는 단일 가닥 RNA와 이를 둘러싸고 있는 단백질로 이루어진 아주 재미있는 구조를 가지고 있어요. 이 담배 모자이크 바이러스의 유전 물질인 RNA와 단백질이 모여서 담배 모자이크 바이러스를 형성하는 과정에 대해서는 아주 많은 연구가 되어 있어요. 어떻게 식물 세포 안에서 바이러스의 RNA와 단백질이 결합하여 저렇게 규칙적인 구조를 가질 수 있는지 많은 과학자들이 궁금하게 생각했었거든요. DNA의 이중 나선 구조를 밝힌 제임스 왓슨은 담배 모자이크 바이러스의 나선 구조를 보고 DNA 구조를 밝히는 데 영감을 받았다고 자서전에 쓰기도 했어요.

담배 모자이크 바이러스는 이름 그대로 담뱃잎에 모자이크 같은 얼룩무늬를 만들어요. 처음에 과학자들은 이러한 모자이크병을 일으키는 병원체가 박테리아라고 생각했어요. 하지만 여러 가지 실험을 통해서 박테리아보다는 훨씬 작고 결정으로 만들 수 있는 바이러스가 바로 이 담배 모자이크병의 병원체라는 것을 알게 되었지요.

담배 말고도 우리와 좀 더 관련 있는 농작물도 바이러스에 의한 피해를 입어요. 오이 모자이크 바이러스, 토마토 반점 위조 바이러스, 고추 모틀 바이러스, 순무 모자이크 바이러스 등 작물에 질병을 일으키는 바이러스들이 아주 많이 있어요. 작물에 감염되는 바이러스도 가축을 감염시키는 바이러스처럼 별다른 치료법이 없기 때문에 더 이상의 확산을 막으려면 감염된 작물을 모두 뽑아 버리는 수밖에 없어요. 가축의 경우 비용도 많이 들고 효과도 확실하지 않지만 백신을 접종해서 가축의 바이러스에 대한 면역을 키우는 방법이라도 있지만, 식물은 면역계를 가지고 있지 않으니 별다른 방법이 없는 형편이에요.

» 농작물에 사용하는 « 바이러스 진단 키트

바이러스에 감염된 농작물은 제거해 버리는 것 외에 뾰족한 대응 방법이 없기 때문에 바이러스 감염 여부를 정확하게 진단할 필요가 있어요. 사실 대부분의 작물 바이러스의 경우 초기 감염 시에는 잎의 색깔이 조금 변하는 정도이기 때문에 단순히 잎사귀가 시든 것인지 아니면 다른 병충해에 의한 것인지 올바른 판단을 내리기가 힘들 때가 많아요. 자칫 잘못했다가는 바이러스 감염이 아닌 것을 감염으로 오판하여 오랫동안 공들여 키운 작물을 다 뽑아서 처분해야 하는 일이 일어날 수 있거든요.

그래서 농작물의 경우 치료제보다 바이러스 진단 키트가 더 잘 개발되어 있어요. 작물을 감염시키는 바이러스의 껍질 단백질과 결합하는 항체를 이용한 키트이지요. 이들 바이러스 진단 키트는 마치 임신 진단 키트처럼 생겼는데 작물의 잎을 따서 으깬 후 나오는 액체를 키트 위에 떨어뜨리면 생기는 선의 유무로 바이러스 감염 여부를 알아낼 수 있어요.

작물을 감염시키는 바이러스는 바이러스를 매개하는 곤충에 의해서도 식물과 식물 사이에 옮겨질 수 있으므로 이러한 곤충을 없애는 것도 바이러스에 의한 작물 감염을 막는 방법 중의 하나예요. 마치 우리가 모기에 의해 전염되는 바이러스성 감염병을 예방하기 위해 모기들을 없애는 것과 같은 원리지요.

또한 작물들은 종자 개량이 비교적 용이하기 때문에 바이러스 감염에 내성을 지닌 식물 종자의 개발도 계속 이루어지고 있어요. 아마 우리가 지금 먹고 있는 농작물의 대부분은 오랜 인류의 역사와 더불어 개량되어 바이러스 감염의 가능성을 최소한으로 줄인 것들일 거예요. 우리 인간이 진화와 적자생존의 자연 선택을 통해 살아남았듯이 우리의 식탁을 풍성하게 해 주는 작물들도 오랜 진화의 산물이라는 것은 틀림없어요.

38

야생 동물과 '자연적 거리두기'를 해야 한다고?

코로나19바이러스가 나타난 이유 중의 하나는 야생 동물의 서식지를 파괴했기 때문이라고 들었어요. 야생 동물이 없어지면 야생 동물이 여기저기 묻히고 다니는 바이러스가 없어져서 더 좋지 않을까요? 환경과 신종 바이러스가 도대체 무슨 관계가 있을까요?

인수 공통 전염병을 유발하는 신종 바이러스가 환경 파괴에 의해 생겨났다는 이야기를 들어 보셨나요? 사실 야생 동물이 사는 환경은 동물의 분변 등에 의해서 바이러스에 쉽게 오염될 수 있어요. 그러니 야생 동물을 모두 쫓아내고 도로도 새로 포장하고 깔끔한 콘크리트 건물도 세우고 하천도 싹 다 정비하면 깨끗해서 좋지 않을까요? 아마도 이런 생각을 한 번쯤은 해 보셨을 수도 있어요.

주변에 굉장히 깔끔한 척하는 친구가 혹시 있나요? 매일 두 시간씩 걸려서 목욕을 하고 하루에도 손을 스무 번씩 씻는 친구 말이에요. 물론 그런 친구가 더 건강할 확률이 높겠지요. 더욱이 요즘같이 코로나19바이러스가 창궐하는 시대에는 손을 자주 씻는 것은 아주 좋은 습관이지요. 하지만 몸을 너무 자주 씻으면 우리 몸에 있는 좋은 박테리아들이 씻겨 나가서 오히려 나쁜 영향을 줄 수도 있어요.

》 고마워, 《 노멀 플로라

우리 몸에 붙어서 사는 박테리아들이 아주 많다는 것을 아시나요? 우리 몸을 이루는 세포의 개수를 30조 개 정도로 어림짐작하는데 우리 몸에 붙어서 살고 있는 박테리아의 개수는 그것보다 조금 더 많은 40조 개 정도라고 과학자들이 계산해 냈어요. 물론 이 중에서 가장 많은 것은 우리의 장 내부에 살고 있는 대장균이지만 우리 몸의 피부 위, 점막 위에서 사는 박테리아도 많아요. 이들은 병을 일으키는 박테리아가 아니고 오히려 병을 일으키는 다른 병원균으로부터 우리 몸을 보호하는 좋은 박테리아로, 노멀 플로라라고 부르지요.

노멀 플로라가 우리 몸에서 나오는 분비물 등 영양 물질을 먹어 치우기 때문에 다른 병원균의 접근을 막고, 또한 다른 병원균이 오지 못하도록 화학 물질을 분비하기도 해요. 이런 좋은 박테리아를 너무 몸을 자주 씻어 없애 버리면 오히려 병원균에 감염될 확률이 높아지지요. 물론 그렇다고 몸을 아주 씻지 말라는 것은 아니에요. 너무 병적으로 청결에 민감할 필요는 없다는 것이지요.

우리 몸에서 같이 살고 있는 박테리아도 다 순기능이 있는데, 하물며 우리 주변의 자연에서 살고 있는 야생 동물은 정말 우리와 아무런 관련이 없는 것일까요? 우리 인간도 생태계의 일부이고 야생 동물, 박테리아, 바이러스, 농작물 모두 생태계의 일원으로, 촘촘한 먹이 사슬과 물질 교환 회로로 연결되어 있어요.

바이러스를 옮기는 주범이라고 생각되는 박쥐를 모두 없애 버리면 박쥐에 의해 매개되는 인수 공통 감염 바이러스를 막을 수 있을까요? 물론 그럴 수도 있겠지만 박쥐라는 숙주를 잃어버린 바이러스 중 극히 일부가 인간에게 더 가까이 있는 다른 동물(예를 들면 사향고양이)에게 옮겨 가서 더 악성의 바이러스로 변화할 가능성도 아주 없다고는 할 수 없어요. 게다가 바이러스의 숙주로 지목받은 야생 동물을 퇴치한다고 그들을 완벽하게 제거하기도 힘들어요. 오히려 자연 상태의 서식지를 파괴하면 그들이 인가로 들어와 오히려 더 쉽게 바이러스를 전파시킬 수도 있지요.

》 야생 동물 서식지를 《 그만 파괴해

현재 만연하고 있는 인수 공통 전염병을 일으키는 바이러스의 출현은 이렇게 인간에 의한 야생 동물 서식지의 무분별한 파괴가 원인 중의 하나예요. 물론 일반적으로는 잘 섭취하지 않는 독특한 야생 동물을 먹는 식습관도 분명히 바이러스의 변이에 기여를 하였을 거예요. 우리는 지금 거의 대부분의 고기류를 축산업에 의해 생산되는 정형화된 가축으로부터 얻어요. 바이러스 검사를 받고 항생제 주사를 맞은 가축들로부터 나온 고기가 사실 우리가 먹는 고기의 대부분이에요. 이렇게 오랜 세월 상대적으로 안전한 축산물에 인류가 길들여져 왔기 때문에 야생 동물의 고기를 섭취하는 경우 잠재된 감염 위험이 있을 수 있다고 말하기도 해요. 야생 동물하고도 어느 정도 '자연적 거리두기'를 해야 하는 이유가 또 있는 것이지요.

무분별한 자연의 파괴 또한 새로운 바이러스를 출현하게 하는 원인이에요. 화석 연료의 과다한 사용 등으로 지구 온난화가 가속화되면서 북극의 빙산이 녹고 있지요? 북극의 빙산 속에 몇 백 년 동안 꽁꽁 얼어서 숨어 있던 과거의 바이러스가 빙산이 녹아내리면서 밖으로 노출될 수도 있어요. 역사에 기록되지 않았지만 수백 년 전 그 당시 인류에게 큰 위험을 끼쳤던 바이러스가 빙

산에 묻혀 있다가 다시 나타날 수 있는 가능성도 있어요.

이러한 자연의 파괴와 인류의 거주지 확장이 향후 또 어떠한 문제를 일으킬지 정말 아무도 몰라요. 코로나19바이러스의 창궐은 빙산의 일각에 불과하고 앞으로 더 많은 신종 바이러스가 매년 나타날 것이라는 무서운 예상을 하는 사람들도 있어요. 두려운 미래가 다가올지도 모르지만 우리 인류는 앞으로도 정신을 바짝 차리고 바이러스와의 전쟁에서 살아남아야 해요.

39

바이러스는 생태계에 꼭 있어야만 할까?

생태계의 모든 구성원들이 꼭 있어야 한다는 사실은 이제 이해가 돼요. 박테리아가 있어야 동물의 사체를 분해하고 식물이 있어야 태양의 빛 에너지를 우리가 먹을 수 있는 음식의 화학 에너지로 바꿀 수 있다는 것도요. 그런데 바이러스는 꼭 있어야 하나요? 없어도 생태계의 모든 구성원들이 살아가는 데 아무런 지장이 없을 것 같은데요?

앞 장에서 생태계의 모든 구성원들이 상호 긴밀하게 연결되어 있기 때문에 생태계의 한 구성원인 야생 동물을 전멸시켜 버린다든가 그들의 서식지를 파괴하게 되면 예상하지 못한 변화가 생겨날 수 있다고 말씀드렸지요? 그런데도 바이러스가 정말 생태계에 기여하는 바가 없다고 생각하나요? 앞에서 포유동물의 태반을 만드는 데 바이러스의 유전자가 사용되었다고 말씀드렸지요? 바이러스가 없으면 엄마 배 속에서 태어나는 우리 인간 같은 포유류는 지구상에 나타나지 못했을 수도 있어요.

이런데도 바이러스가 생태계에 필요 없다고요? 뭐라고요? 이미 태반을 가지고 있는 포유류를 진화시켰으니 우리에게 바이러스는 더 이상 필요 없다고요? 바이러스가 들으면 무척 배은망덕하다고 생각할 것 같은데요? 뭐라고요? 바이러스는 귀가 없으니 듣지도 못하고 뇌가 없으니 생각도 못한다고요?

» 바이러스는 생물의 진화에 « 중요한 역할을 했어

바이러스가 현존하는 박테리아부터 고등 동식물까지 모든 생물의 진화에 아주 중요한 역할을 했다는 사실은 명백해요. 실제로 최근의 논문에 의하면 인간이 가지고 있는 3만 종 가까운 단백질 중 30퍼센트가 바이러스에 의해 영향받으면서 진화하였다고 해요. 단백질이 진화한다는 것은 단백질을 이루는 아미노산을 암호화하는 유전자의 정보가 바뀌면서 단백질의 아미노산 조성 등이 바뀌어 단백질의 성질이 바뀐다는 것을 의미해요. 인간과 같이 진화한 바이러스가 없었다면 진화와 더불어 인간이 획득한 단백질 기능의 다양성도 얻지 못하였을 거예요.

» 바이러스가 « 생태계에 미치는 영향

바이러스가 동식물의 생태계에 미치는 영향을 알아볼까요? LbFV라는 바이러스에 감염된 식물의 진액을 빨아먹은 진딧물은 그 바이러스를 퍼뜨리는 역할을 해요. 진딧물이 LbFV의 매개체가 된 것이지요. 그런데 이 바이러스에 감염된 식물을 빨아먹은 진딧물은 신기하게도 바이러스에 이미 감염된 식물은 더 이상 빨아먹지 않고 감염되지 않은 새 식물로 옮겨 가 진액을 빨아먹는대요. 이러면 바이러스가 감염되지 않은 새로운 식물로 옮겨 갈 수 있는 확률이 높아지지요. 진딧물의 몸 안에 있는 바이러스가 진딧물의 식성을 조종해서 바이러스를 잘 퍼뜨리도록 하는 것이에요. 신기하지요?

제브라피시라는 물고기는 SVCV라는 바이러스에 감염되면 3도 정도 높은 수온을 찾아간대요. 높은 온도에서는 바이러스의 감염력이 떨어져 바이러스를 없앨 수 있다고 하네요. 바이러스에 감염되면 물고기의 서식지까지 바뀌게 되는 것이지요.

바이러스 하나가 세 종류 이상의 숙주 동물의 생태에 영향을 미치는 경우도 있어요. 도약병 바이러스는 진드기를 통해 들꿩과

새인 뇌조와 토끼를 모두 감염시킨다고 해요. 도약병 바이러스에 감염된 뇌조는 치사율이 높지만 토끼는 감염되어도 멀쩡하다고 해요. 사슴은 도약병 바이러스에 감염되지 않지만 몸에서 진드기를 키울 수 있어서 도약병 바이러스의 매개체인 진드기의 개체 수를 늘리는 역할을 해요. 뇌조는 진드기에게 물려서 도약병 바이러스에 감염될 수는 있지만 진드기의 개체 수를 늘리지는 못하고, 토끼는 도약병 바이러스에 감염되어 바이러스의 개체 수를 늘릴 수도 있고 몸에 진드기를 키워서 진드기의 개체 수도 늘릴 수 있다고 해요. 엄청나게 복잡하지요?

만약 어떠한 이유로 사슴의 개체 수가 증가하면 뇌조의 개체 수에는 어떤 영향을 미치게 될까요? 바이러스를 가진 진드기가 늘어나 뇌조의 감염이 증가하여 뇌조의 개체 수가 줄어들어요. 그런데 사슴이 점점 더 많이 늘어난다면 어떻게 될까요? 사슴 때문에 늘어난 진드기와 바이러스 때문에 뇌조의 개체 수가 너무 줄어들면 오히려 바이러스가 번식할 숙주를 찾지 못해서 바이러스가 줄어들 수도 있어요. 여기에 만약 토끼까지 있다면 어떻게 될까요? 아, 머리 아파요. 그만할게요.

》 바이러스는 2천억 톤, 《 인간은 6백만 톤

연구 사례를 찾아보면 이렇게 바이러스가 동식물의 생태에 직간접적인 영향을 미치는 경우가 굉장히 많아요. 바이러스는 이렇게 이미 지구 생태계에 아주 깊게 관여하고 있어요. 지구 위의 바이러스 개체 수가 우주 안의 별의 개수보다 천만 배가 많다고 앞에서 얘기했던 것 기억하지요? 바이러스는 아주 작으니 개체 수가 많다고 해 봤자 그다지 큰 의미가 없어 보인다고요? 지구상 바이러스의 무게를 모두 합치면 얼마나 될 것 같나요? 무려 2천억 톤이나 된대요. 그렇다면 지구 위의 인간들의 무게를 모두 합치면 얼마일까요? 바이러스보다 훨씬 적은 6백만 톤밖에 안 된다고 해요.

아, 이건 물의 무게는 빼고 탄소의 무게만 계산한 것이에요.

왜 물의 무게는 빼느냐고요? 생물의 질량인 바이오매스를 비교할 때는 원래 탄소만의 무게를 따져서 비교하는 경우가 많아요. 같은 무게의 해파리(몸의 95퍼센트가 물)와 커다란 물고기를 무게가 같다고 같은 바이오매스를 가지고 있다고 볼 수는 없거든요. 아무튼 우리 인간들은 부정하고 싶을지 모르지만 개체 수도 인간보다 많고 무게도 인간보다 훨씬 무거운 바이러스가 진정한 지구의 주인 아닐까요?

40

코로나19와 같이 살아가야 한다고?

코로나19바이러스의 백신 접종이 시작되었지만 어떤 과학자들은 코로나19바이러스는 독감 바이러스처럼 우리 곁을 떠나지 않고 계속 머무를 수도 있다고 이야기해요. 만약에 그렇게 된다면 앞으로 우리의 생활은 어떻게 바뀔까요?

코로나19바이러스와 사스바이러스는 앞에서 이야기하였듯이 서로 굉장히 유사해서 같은 코로나바이러스로 분류해요. 영문 이름도 SARS-CoV-2와 SARS-CoV-1로 거의 같지요. 하지만 사스바이러스는 금방 종적을 감추었는데 도대체 코로나19바이러스는 왜 쉽게 없어지지 않는 것일까요? 사스바이러스 편에서 말씀드렸듯이 코로나19바이러스의 증상과도 관련이 있어요. 코로나19바이러스에 감염된 환자는 증상이 나타나지 않는 경우가 많아서 감염된 사람을 격리시키는 데 한계가 있어서 그런 것일 수도 있어요.

》 코로나21바이러스, 《 코로나22바이러스…

또한 코로나19바이러스는 RNA를 유전 물질로 가지고 있기 때문에 돌연변이가 쉽게 일어나 표면의 뿔 단백질이 계속 변하게 된다는 것도 알고 계시지요? 그렇기 때문에 백신을 접종해도 변이가 생긴 뿔을 가진 코로나19바이러스는 항체에 의해 제거되지 않을 수 있어요. 마치 매해 표면 단백질이 바뀐 새로운 독감 바이러스가 나타나 유행하듯이, 코로나19바이러스도 장기 유행에 접어들면 해가 바뀔 때마다 조금씩 다른 형태의 코로나19바이러스가 등장하게 될지도 몰라요. 만일 이렇게 된다면 매년 새로운 코로나19바이러스 예방 접종을 받아야 하겠지요.

돌연변이가 계속 축적되어 유전자 염기 서열이 원래 코로나19바이러스와 어느 한도 이상 달라지면, 더 이상 코로나19바이러스라 불리지 않고 코로나21바이러스, 코로나22바이러스라고 불리게 될 가능성도 있어요. 스마트폰 모델 이름도 아니고 매년 이름이 바뀌는 것이 바이러스의 이름으로는 좀 어색하지만요.

코로나19바이러스 때문에 우리의 생활도 많이 바뀌었어요. 여행, 모임 등 모든 것에 제약을 받게 되었지요. 저만 해도 거의 매년 해외 출장을 다녔는데 2020년에는 한 번도 출국을 하지 못했어요. 예전에는 외국의 학회에 꼭 정기적으로 참석해야지만 최신 연구 동향을 알 수 있다고 생각했는데, 1년 동안 대면 학회 모임에 가지 않았는데도 사실 별 차이가 없다는 것을 알게 되었어요. 모든 정보는 대부분 다 온라인에서 얻을 수 있거든요.

대학의 강의도 1년 내내 온라인으로 하게 되었는데 오히려 더 준비를 많이 한 충실한 강의가 된 듯해요. 왜냐하면 인터넷에 동영상이 계속 남아 있기 때문에 실수가 있으면 안 되어서 좀 더 정확한 내용을 담으려 했기 때문이지요. 물론 강의를 들은 학생들은 다른 의견을 가질 수도 있겠지만요. 직접 얼굴을 보지 못하여 답답한 점도 있었겠지만 이해가 잘 되지 않는 부분은 몇 번이고 다시 돌려 볼 수 있으니 더 좋은 점도 있는 것 아닐까요?

친구들, 지인들과의 모임도 지난 1년 동안 예전에 비해 많이 줄이고 나니 오히려 그전에는 모임이 너무 과하게 많지 않았나 하는 생각도 들었어요. 1년 만에 코로나 시대에 많이 적응한 것이지요. 이런 식으로 재택근무, 사회적 거리두기 등에 몇 년 동안 익숙해져 있다가 갑자기 코로나19바이러스 이전의 생활로 돌아가면 어떨까요? 좀 어색할 수도 있겠지요? 벌써 마스크를 쓰지 않고 대중교통 수단을 이용한다는 것을 상상하면 조금 어색하게 느껴져요.

》우리는《
호모 사피엔스

호모 사피엔스가 지구 위에 첫발을 디딘 지 20만 년이나 되었지만 자기가 태어난 곳을 떠나 먼 곳으로 여행 가서 인류의 다른 문화를 접하기 시작한 것은 불과 50년밖에 되지 않았어요. 자유로운 해외여행이 보편화된 것이 그 정도밖에 되지 않았다는 것이지요. 비행기와 같은 교통수단의 발달로 인간의 행동반경이 넓어지게 되어 물론 좋은 점이 더 많았지요. 과거의 임금님도 못 가 본 곳으로 여행을 가서 신기한 구경을 하고, 과거의 한반도에 살던 그 누구도 먹어 보지 못한 이국적인 음식을 먹을 수 있다는 것은 발달한 문명이 우리에게 가져다 준 크나큰 혜택이었어요. 하지만 그동안 당연한 것처럼 여겨졌던 이런 이동과 모임의 자유는 앞으로도 오랫동안 제한받게 될 것 같아요.

과연 이러한 코로나19바이러스 시대에 우리 호모 사피엔스는 어떻게 변화해야 할까요? 비록 우리가 개체 수에서도 바이러스에게 엄청나게 뒤지고, 지구 위 인간의 몸무게를 모두 합쳐도 바이러스의 무게를 합친 것보다 가볍지만 지구의 주인은 누가 뭐래도 바이러스가 아니라 우리 인간이에요. 우리가 바이러스와의

오랜 공진화를 거쳐서 지구상의 생명체 중 가장 최고의 지적 능력을 획득한 이유도, 바로 이러한 전 인류적인 위기 상황을 극복할 수 있는 답안을 찾기 위해서가 아닐까요? 천연두 바이러스와의 오랜 싸움을 이겨 냈듯이 우리 인류는 코로나19바이러스와의 전쟁을 이겨 내고 과거의 행복을 되찾을 수 있을 거예요.

질문하는 과학 06
바이러스를 실험실에서 만들 수 있을까?

초판 1쇄 발행 2021년 3월 22일
초판 2쇄 발행 2021년 9월 30일

지은이 신인철
펴낸이 이수미
편집 이해선
북 디자인 신병근
마케팅 김영란
종이 세종페이퍼 인쇄 두성피엔엘 유통 신영북스
펴낸곳 나무를 심는 사람들

출판신고 2013년 1월 7일 제2013-000004호
주소 서울시 용산구 서빙고로 35, 103동 804호
전화 02-3141-2233 팩스 02-3141-2257
이메일 nasimsabooks@naver.com
블로그 blog.naver.com/nasimsabooks

ISBN 979-11-90275-36-1
979-11-86361-74-0(세트)

51쪽 그림 주석
Chromulinavorax destructans, a pathogenic TM6 bacterium
with an unusual replication strategy targeting protist mitochondrion, Deeg et al., bioRxiv (2018)